U0318637

H He Li Be B

走进奇妙的
元素周期表

〔日〕吉田隆嘉 著

曹逸冰 译

C N O F Ne

南海出版公司

新经典文化股份有限公司
www.readinglife.com
出　品

目录

序　言

元素周期表与京都的美妙关系

大家有没有在京都散过步呢？实不相瞒，我与元素周期表的缘分，就始于京都这座城市。

众所周知，京都是一座"横平竖直"、好似棋盘的城市。我是在这个条理井然的地方出生长大的。

四条河原町是京都最繁华的区域，之所以叫这个名字，是因为它位于南北走向的河原町大道与东西走向的四条大道的交汇处。从四条河原町出发，沿着河原町大道一路向北（这是我最喜欢的散步路线），走过河原町三条和河原町二条，就是位于京都市中心最北端的葵桥。大道前面的数字越小，就越接近矗立在京都北方的比叡山。京都的街景勾勒出的秩序，在我心中留下了深深的烙印。

后来，我离开京都前往东京求学。我在大学本科阶段学的是量子化学。所谓量子化学，就是通过精确计算电子的轨道，在不依赖实验的情况下，解开化学反应的本质。

就在我潜心研究量子化学的时候，有一天，从壁橱里翻出了高中的化学课本。我感到分外怀念，翻开课本，便看到了印在卷首的元素周期表。就在那一瞬间，早已淡忘的故乡街景重新在眼前闪现……

这是为什么呢？因为元素周期表体现出的"秩序"，与京都的世界观有异曲同工之妙。

例如周期表从右往左数第二列，就排列着五个"卤族元素"：氟、氯、溴、碘、砹——这一列在我眼里就是京都的河原町大道。

在元素周期表这一列中，每往上移一层，元素的性质就会有些许变化。这感觉就像沿着河原町大道一路向北，视野中的比叡山越来越近。在京都街景的映衬下，元素谱写出的均衡秩序，还有完美诠释出这种秩序的元素周期表都显得分外可爱。我之所以对周期表产生这样的感情，也是因为拜倒在了"秩序美"的脚下。

不仅仅是卤族元素，周期表两头的元素都有鲜明的秩序，比如最右侧的"稀有气体"、最左侧的"碱金属"和左起第二列的"碱土金属"。正因如此，我每次看到周期表，都会回忆起在河原町大道散步时看到的光景。

魅力十足，令人心醉——这就是元素周期表给我的印象。

可惜有这种印象的人寥寥无几。提起"元素周期表"，大家首先联想到的是什么呢？

"元素周期表好难背啊！"

"我就是懒得记元素周期表，所以才讨厌化学。"

"学元素周期表真的很烦，要是世上没有这东西就好了！"

对周期表有负面印象的人才占绝大多数吧。

"元素周期表真有意思。""上高中时，我就觉得元素周期表超级浪漫。"——我从来没碰到过说这种话的人。实不相瞒，我上高中的时候也不觉得周期表多么有意思。

现在想来，我们没能在高中化学课上感受到元素周期表的魅力，是因为周期表的教法存在两个致命的缺陷。

缺陷之一，是老师没有告诉我们，"元素周期表对我们非常有用"。我深深感到现有的教育体系缺失了这个视角。

既简单又复杂的学问

虽然很喜欢量子化学这门学问，但我还是想从事与"人的生命"有关的工作，所以后来重新考了一次大学，进了医学院。毕业后，我顺利地成了一名医生。在研究营养素与有毒物质的过程中，我切实感觉到"元素周期表的确管用"。学化学的人在改行学医之后爱上了元素周期表恐怕并非偶然。正因为在研究过程中接触到不少证明"元素周期表用处多多"的具体事例，我才会对这张表产生浓厚的兴趣。

所以，在学习元素周期表的时候，我们也需要从它如何为医学与健康做贡献这个角度去看。当然，我会在本书中积极采用这一视角，充分利用我的职业优势。

周期表教法的第二个缺陷，是老师没有给学生讲解元素周期表的本质。

我上高中的时候，还以为元素周期表就是元素的一览表，光顾着死记硬背元素名称和它们各自的性质了。但是开始学习量子化学后，我就对周期表有了一百八十度的改观。

如果有人问"元素周期表到底是什么"，我会毫不犹豫地回答：

元素周期表就是在不依赖算式的情况下表现量子化学结论的东西。

量子化学是一门用算式诠释元素性质与化学反应的学问。原则上，全宇宙所有的化学反应都能用算式来表达，地球上的反应就更不用说了。

问题是量子化学的算式非常复杂，计算起来也不轻松。一九八一年荣获诺贝尔奖的福井谦一①博士积极地向这一课题发起挑战，提出了全新的前线轨道理论，只需对部分轨道进行计算，

———————————

①福井谦一（1918-1998），日本量子化学家，亚洲首位诺贝尔化学奖得主。（无特殊说明，本书注释均为译注。）

便可以揭示化学反应的秘密。

话虽如此，要让人们真正理解化学反应的本质，就必须将算式勾勒出的元素性质以某种形式"模式化"。而元素周期表就将量子化学世界的一部分完美转化成了人人都能看懂的模式。

让一个不了解量子化学的人去教元素周期表，那他教出来的东西只能是一具空壳。高中的化学老师只会让学生死记硬背，学生自然不可能喜欢元素周期表。

在本书中，我会在周期表上略下功夫，在尽量不用算式的情况下，为大家呈现建立在方程式上的量子化学世界观。我坚信，看完本书的读者一定能品味到量子化学的魅力。

本书的大致结构如下：

第一章介绍"元素周期表是如何组成的"，以及"元素究竟是什么"。周期表看似杂乱无章，其实只要抓住诀窍，你就会发现它其实和交响曲的乐谱一般秩序井然，会交织出美妙的和弦。

第二章的主要内容是"通过元素分析宇宙起源"。自然界中的元素并不诞生于地球，而是诞生于宇宙。使用元素周期表追溯各种元素的轨迹，就能知道宇宙是如何进化的。

了解宇宙的起源，生命进化至人类的历史就会跃然纸上。有一门叫宇宙生物学的学问，近年来在欧美备受关注。它研究的就是宇宙与生命之间的关联。我会在第三章中为大家介绍科学家的研究成果，揭示宇宙中的元素与人体元素之间的共同点。

到了第四章，我将镜头拉近些，聚焦于组成我们身体的各种元素。都说人体的性能远超现有的精密装置，而神经与肌肉的运作机制在其中发挥着重要的作用。在维持生命的各项机能背后，都潜藏着元素周期表孕育出的元素魔法。

第五章的关键词是近年来备受瞩目的"稀土"。稀土元素到底有哪些？为什么它们能左右世界经济？另外，稀土元素在周期表上是单独列出来的，这在很大程度上影响了周期表的形式。其实，如果我们想更加完美地表现元素的性质，大可在元素周期表的形式上动脑筋。所以我也会在这一章中为大家介绍几种独具一格的元素周期表。

在常温环境下，有些元素呈固态，有些呈液态，有些则呈气态。第六章的主角就是这些气态元素。希望大家能借此机会，深入了解我们周围大气中的元素。另外，我一直认为元素周期表中最具美感的就是最右侧的六种"稀有气体"。我会在这一章中为大家详细解说它们美在哪里。

有些元素对生命体来说必不可少，但自然界中也存在许多对我们有毒的元素。在最后一章中，我会与大家回顾"四大公害病①"，就元素的毒性进行一番分析。

---

①指水俣病、第二水俣病、痛痛病、四日市哮喘。

让我们拿着通往宝岛的航海图元素周期表，踏上探寻宇宙与人体之谜的冒险之旅吧。"会不会很难？"——别担心，有周期表当我们的指南针，就不会迷路。当我们顺利抵达宝岛时，就能饱览自然规律一手打造的壮丽风景。我坚信，当你看完这本书，一定会对自然科学产生更浓厚的兴趣。

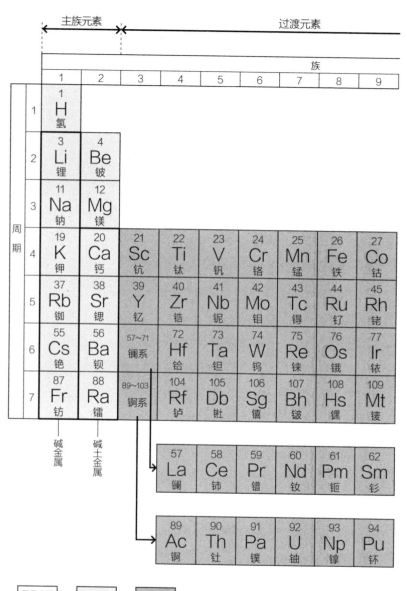

10	11	12	13	14	15	16	17	18
								2 He 氦
			5 B 硼	6 C 碳	7 N 氮	8 O 氧	9 F 氟	10 Ne 氖
			13 Al 铝	14 Si 硅	15 P 磷	16 S 硫	17 Cl 氯	18 Ar 氩
28 Ni 镍	29 Cu 铜	30 Zn 锌	31 Ga 镓	32 Ge 锗	33 As 砷	34 Se 硒	35 Br 溴	36 Kr 氪
46 Pd 钯	47 Ag 银	48 Cd 镉	49 In 铟	50 Sn 锡	51 Sb 锑	52 Te 碲	53 I 碘	54 Xe 氙
78 Pt 铂	79 Au 金	80 Hg 汞	81 Tl 铊	82 Pb 铅	83 Bi 铋	84 Po 钋	85 At 砹	86 Rn 氡
110 Ds 鿏	111 Rg 𬬭	112 Cn 鿔						

卤族元素　稀有气体

63 Eu 铕	64 Gd 钆	65 Tb 铽	66 Dy 镝	67 Ho 钬	68 Er 铒	69 Tm 铥	70 Yb 镱	71 Lu 镥

95 Am 镅	96 Cm 锔	97 Bk 锫	98 Cf 锎	99 Es 锿	100 Fm 镄	101 Md 钔	102 No 锘	103 Lr 铹

元素周期表

*中日间对元素周期表中的主族元素、过渡元素及族的分类有差异。中国定义主族元素为表中 1-2 列及 13-17 列，过渡元素为表中 3-10 列，元素周期表共 16 个族，其中 7 个主族，7 个副族，8-10 列为一个族，称为第 8 族，第 18 列称为 0 族；日本定义主族元素为表中 1-2 列及 12-18 列，过渡元素为表中 3-11 列，共 18 个族，即每一列为一个族。本书后文不作特别指出时，均指日本的分类法。

第一章

元素周期表上究竟写了什么？

元素周期表要从两头看起

元素周期表共有十八列,每一列都是一个"族"。所谓"族",就是一群性质相似的元素的集合体。

学校的老师一般会按从左到右的顺序,从第 1 族开始,一列一列为大家讲解元素的特征。无论是课本还是参考书,翻开目录一看,基本都是"第一章 第 1 族"、"第二章 第 2 族"……

然而,研究化学的专家们绝不会这么看周期表。"俯瞰"周期表的大原则,可以归纳成下面这句话:

元素周期表不要从左往右看,要从两头往中间看。

这其实和足球比赛是一个道理。既然中央比较难攻,那就从两侧突破!进攻周期表的方法也是如此,从两头入手更好理解。为什么呢?因为越靠近两头,"族"的特征就越明显。

周期表中央的元素就没有那么好对付了,电子的排布比较复杂,就算是同一列的元素,性质也不一定相似。

顺便一提，我个人不太喜欢"族"这个称谓。因为在日语中，一提"族"，首先就会想起"暴走族"，而曾红极一时的"太阳族①"、"御幸族②"不单单指某一类相似的群体，还有些与社会对抗的意味，"族议员③"一词的贬义也很明显，不是吗？

而在英语中，元素周期表的"族"用的是"group（组）"这个词。这个叫法就简单多了，还很有亲切感。学者就喜欢用晦涩难懂的字眼，但我觉得日语也用"组"就挺好。

其实，很多日本学者也在讨论学术问题时用"组"这个称呼。

主族元素按"列"看，过渡元素按"行"看

"两头"与"中央"的不同，也体现在这些元素的"统称"上。

第 1 列到第 2 列，以及第 12 列到第 18 列被称为**"主族元素"**。主族元素的周期性比较明显。

第 3 列到第 11 列被称为**"过渡元素"**。顾名思义，它们起到了承上启下的作用。

---

①指 20 世纪 50 年代、无视秩序、行为乖张的日本年轻人。

②指 1964 年夏出现在银座御幸大道上的大批年轻人，女性多穿后腰垂蝴蝶结的长裙，男性多穿窄领衬衫配百慕大式短裤，手提纸袋或布包。

③指关注某一特定政策领域，拥有相应知识及人脉，对该领域的政策立案和实施拥有很大影响力的日本议员及议员群体，如"邮政族"、"防卫族"等。

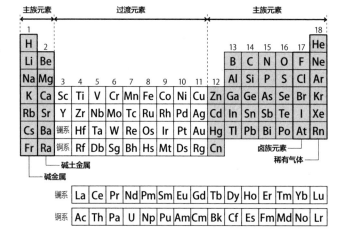

图1-1 周期表要从两头入手

不过，过渡元素绝非鸡肋。它们的纵向联系并不紧密，但位于同一行的元素性质相近，每往右移一格就会有些许变化。

那么属于同一列的元素究竟有多像呢？要我说，最像的当属下列四个族（相似度由高到低）：

①第18列（稀有气体）

②第1列（碱金属）

③第17列（卤族元素）

④第2列（碱土金属）

其实亚军和季军几乎难分伯仲，有些学者觉得第17列的相似度比第1列更高，但应该不会有人反对"越靠近两头，相似度就越高"这一点。

而且这个排行榜的冠军也是实至名归，不容置疑。这一列元素的所有电子轨道都排得满满当当，所以该列大多数元素就算和其他原子接触，也不会发生化学反应。

在第六章中，我会为大家详细介绍这些神奇的稀有气体。

被成功预测的未知元素

所有原子的中心都有原子核，电子围绕原子核运行。原子核由质子和中子构成，每个质子带一个单位的正电荷，中子不带电。而每个电子各带一个单位的负电荷。原子本身呈电中性，所以质子带的正电荷总数与电子带的负电荷总数相等。

原子核的质子数量就是所谓的"原子序数"。元素周期表就是按原子序数从小到大、从左到右排列的。排第一的是有 1 个质子的氢，排第二的是有 2 个质子的氦，排第三的是有 3 个质子的锂……如此这般。

当然，围绕原子核运行的电子数量也与原子序数相等。换言之，原子拥有的电子数量是按原子序数递增的。将这些元素放进周期表，外围轨道的电子状态相似的元素就会排成一列。

一八六九年，俄国科学家门捷列夫发现元素存在相似的周期性。他根据变化规律，将元素归纳成一张表——元素周期表就此诞生。当时人们还不了解原子的结构，所以归纳出这样一张能体现出元素间关联的一览表，是一件具有里程碑意义的大事。

一览表还有什么好处呢？有了它，我们就能**预言未知的元素**。门捷列夫在元素周期表中为尚未发现的元素空出位置，并对这些元素的特征进行预测，还给它们起了"暂用名"。

比如，他将位于铝（Al）正下方的元素命名为"类铝"，将硅（Si）正下方的元素命名为"类硅"。

一八七五年，法国化学家德·布瓦博德朗从锌的硫化矿物中提取出了镓（Ga）。根据它的性质，可知它就是周期表中的"类铝"。

一八八六年，德国化学家C·温克勒从硫银锗矿中成功分离出了锗（Ge）。人们意识到，那就是门捷列夫预言的"类硅"。

新元素一个接一个被人们发现，填补了元素周期表中的空白。而这些新发现的元素与门捷列夫的预言不谋而合。这也从侧面证实了周期表的正确性，于是这张表格一跃成为化学界关注的焦点。门捷列夫的智慧着实令人钦佩。

但我觉得现今的学校教育太侧重于历史知识。我们固然要向门捷列夫致敬，可是为了让学生感受到周期表的魅力，老师得为他们打一些量子化学的基础。因为周期表能在不使用算式的情况下，表现出量子化学的结论。

何为量子化学

那么，"量子化学"这门学问到底是研究什么东西的？很多人对元素周期表还是感兴趣的，可是一旦涉及这种比较具体的问题，大家往往就会打退堂鼓。就连化学专业的学生也可能在这一关上栽跟头。

人体由 10^{28} 个原子组成。10^{28} 是"穰"，所以我们也可以说"人体是由 1 穰个原子组成的"。数量单位每差四位，从小到大分别是万、亿、兆、京、垓、秭、穰……由此可见，我们生活的世界与原子相比有多大。

"1 穰个"的游戏规则自然不适用于"1 个原子"的世界。比如，在我们生活的世界中，时间与位置是可以同时确定的。我们可以跟朋友约好"晚上七点半在涩谷八公像前见面"。除非这位朋友特别不守时，否则总能见到。但是在 1 个原子的小世界里，就没法这么约定了，因为时间与位置几乎不可能同时确定。

确定了时间，就无法确定准确的位置。而确定了位置，又无法确定准确的时间。这就是所谓的**"不确定性原理"**。位置与时间无法同时确定，只能用概率来表示——这是原子微观世界中的物理法则。

是不是有读者已经看晕了？其实，我刚开始学量子化学时也有这种感觉。学了一阵子后，我虽然能用算式计算出概率，但总觉得还没有完全理解这套机制。

但这并不是因为我不够努力（我可不是在给自己找借口）。用1穰个原子的世界的常识去理解1个原子的世界，本来就是不可能完成的任务，也是毫无意义的徒劳之举。

就连二十世纪最伟大的物理学家爱因斯坦，在去世前也对量子理论持否定态度。

"上帝不会掷骰子。"

这是爱因斯坦留下的一句名言。他认为，这个世界上的物理现象不会只能用概率来表现。

爱因斯坦可是提出相对论这种颠覆既往常识理论的天才，连他都无法接受量子论，我们这些凡人一时半刻参不透也在所难免。

但我们不必气馁，研究量子化学的时候，只要用算式去分析概率就行了。我当时也是一知半解，但并不影响做研究。

本书会使用各种模式化的图表帮助大家理解。不过请大家注意，图表终究是模式化的东西，在真正的原子世界中，有些东西只能用概率来表达。

原子核周围电子的"存在概率"

在大家的印象中，原子核周围是不是有很多以圆形轨道运行的电子？嗯，有这样一个笼统的概念就行了。

其实真正的原子并不是这样。在由"不确定性原理"支配的微观世界中，我们不可能确定电子某个瞬间的运行位置。

非要用示意图来表现电子位置的话，只能画成图 1-2 里的"**电子云**"。名为电子的微粒并不是在某个瞬间存在于原子核周围的某个特定位置——准确地说，电子存在的"概率"如云层般分布于原子核周围。

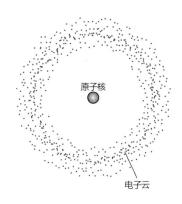

图 1-2 电子云

上面提到的云层，就是所谓的电子云。为方便起见，我们常使用"电子轨道"这个说法，但原子核周围并没有所谓的"轨道"，只有"电子的存在概率"。

而这个存在概率可以通过"薛定谔方程"得出。换言之，量子化学就是通过这个方程阐明元素性质与化学反应的学问。

薛定谔方程 $\left[-\dfrac{h^2}{2m}\dfrac{d^2}{dx^2} + U(x)\right]\psi(x) = E\psi(x)$

因为篇幅有限，我就不详细解说薛定谔方程了，总之，它的中心思想是：

动能 + 势能 = 总能量

我第一次看到薛定谔方程的时候，也觉得它非常复杂。但说得极端点，地球上所有的化学反应（包括神秘的生命活动），其实都是根据这个方程式进行的。如此想来，我不禁感叹大自然的原理着实简单，也着实美妙。

顺便提一下，薛定谔方程的计算工作一般只能借助高性能计算机完成。所以这个领域也被称为"计算化学"，是量子化学的核心研究方向。

电子由内向外分布

至于每个电子以怎样的轨道运行，也能通过解方程式的方法求得。我学习量子化学的时候，也是成天忙着解方程，只是求解的过程实在复杂。

我上学那会儿还是八十年代，当时的电脑性能很差，很粗略的计算都要花上整整一个星期。我有几次险些没赶上研讨会，吓得直冒冷汗。

这么多年过去，电脑的性能有了长足的进步，但除了少数例外（比如氢），人们还是无法用电脑完全计算出电子的轨道。这也从侧面体现出电子轨道的深奥。这个领域是越深入越复杂，所以我只向大家介绍几个要点。

解出关于原子的方程式后，我们就有了电子的"轨道函数"与"轨道动能"。轨道函数表现了电子的运动状态，它的绝对值的平方就是电子的存在概率。换言之，电子云的形状，就取决于轨道函数。

轨道动能代表每个轨道函数（电子的运动状态）拥有多少能量。要了解电子从哪条轨道开始排布，就得先知道动能有多少。

每个电子的轨道都拥有不等量的能量。水总是从高处往低处流，从低的地方开始积存。同理，电子也是先占有能量低的轨道。轨道动能一般越靠里就越低（虽然也有若干例外），所以元素的电子一般都是由内向外排布。

"残余电子"决定元素的性质

做好了铺垫，就让我们仔细看看元素周期表吧。我在序言里说过，元素周期表像极了京都的街道。其实京都的地名也很有规律，比如"四条河原町"，就是东西走向的四条大道与南北走向的河原町大道的交点。

周期表和京都一样，颇有些棋盘的神韵。它有纵有横，只要知道某个元素处在哪一行与哪一列的交点，就能对它的性质有一个大致的了解。

先看"列"——元素在元素周期表中属于"同一列"，究竟意味着什么呢？

元素与周期表有千丝万缕的联系，其中最重要的联系就是下面这两点：

1. 周期表上同属一列的元素，最外层电子的状态往往非常相似。

2. 最外层电子数决定了元素的基本性质。

把内侧的轨道填满后，剩余的电子就会分布到最外层的轨道上。而同一列元素的"残余电子"数量往往相同，所以同一列的元素常具有相似的特性。

其实我们的身体也会根据最外层电子数判断元素的种类，决定要不要吸收某种元素。

下面我将以铯（Cs）与锶（Sr）为例，为大家详细解说人体是如何判断元素种类的。东日本大地震引发核电站事故后，这两种元素频频出现在各类新闻节目中，想必大家也都听说过。

人体会误认摄入体内的元素

为了防止核电站事故导致的内照射[①]，各类电视节目与报刊都反复强调：

"要防止铯在体内沉积，最好的方法就是多摄入钾。"

"要防止人体积蓄过多的锶，就要多补钙。"

这是为什么呢？

请大家看一看元素周期表。铯和钾在同一列，相隔一行。锶就在钙的正下方。"位于同一列"的位置关系，就是解读周期表的关键，也体现出这两种元素容易造成内照射的根本原因。

钾是人体必不可缺的元素之一，神经与肌肉细胞的活动都离不开它，所以人体会积极摄取钾元素。而铯的最外层电子数和钾的相同，人体会误以为铯就是钾，加以吸收。

要是我们已经摄入足够的钾，身体就会做出判断"不需要更多的钾了"，降低吸收钾的频率，从而降低人体吸收铯的风险。

锶和钙的关系也是如此。锶的最外层电子状态与它上方的钙很相似，所以人体很容易产生误会。要防止人体吸收锶，最行之有效的方法就是平时多补钙。

---

①指放射性核素进入生物体，使生物受到来自内部的射线照射。

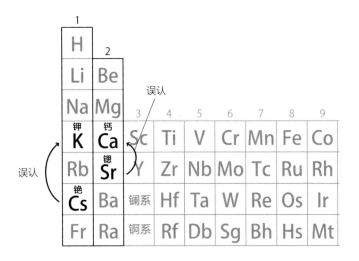

图 1-3 人体会把铯误认为钾，把锶误认为钙

碱金属家族

铯的原子序数是 55。也就是说，它的原子核里有 55 个质子，原子核周围有 55 个电子。但这些电子并不是到处乱转。它们的运行方式（即我前文讲解的"电子轨道"）有明确的规律。

铯和钾相似在哪里？它们的最外层轨道都只有 1 个电子。铯一共有 55 个电子，除了最外层的那 1 个，剩下的 54 个都分布在内层轨道上，刚好把位子占满了。只有多出来的那个孤零零地在最外面转圈。对人体细胞来说，这一点至关重要。

其实，最外层的电子排布直接决定了许多元素能发生怎样的化学反应，铯也不例外。当然，内层轨道的电子状态也不是与化学反应完全无关，但最外层电子数起到了决定性作用。

比如，当原子要和另一个原子组合成一个分子时，两个原子会相互接近，发生反应。和外来原子发生反应时，最外层电子起到的作用肯定是最大的，这一点大家应该都能想通吧。

钾的原子序数是 19，所以它的质子数量和电子数量都是 19个。18 个电子把内层的轨道填满了，只有多出来的那 1 个在最外层轨道运行。

图 1-4 是铯与钾的电子排布示意图。钾的体积比铯小得多，但这两种元素都只有 1 个电子孤零零地在最外层运行。

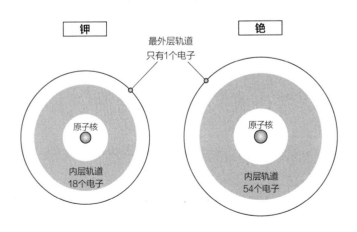

图 1-4 铯与钾的电子排布

铯和钾都位于周期表最左侧的第 1 列。这一列的元素有氢（H）、锂（Li）、钠（Na）、钾（K）、铷（Rb）、铯（Cs）、钫（Fr）（重量由轻到重）。

如图 1-5 所示，这些元素的内层电子数量各不相同，但是最外层轨道都只有 1 个电子。

除了氢，其他属于这一列的元素被统称为"碱金属"。它们很容易失去最外围的那个电子，形成 +1 价的阳离子，其他化学性质也非常相似。它们都是金属，但是能溶于水，形成碱性溶液，因此得名。

氢之所以被排除在碱金属之外，是因为它一共只有 1 个电子，原子本身就很小，这对它的反应模式和性质产生了影响。这一列中，只有氢是气体，不是金属。

不过，当我们向氢施加 400 万个大气压时，它就会变成金属，称"金属氢"。金属氢呈现出的性质与碱金属非常相似。因此科学家们普遍认为，在气压巨大的木星与土星内部，也许真的存在金属氢。

将氢和碱金属放进周期表一看，就会发现它们排成整齐的一列，最外层电子的状态也像图 1-5 显示的那样一目了然。可以说，周期表的真髓，就是能作出这样的解读。

	内层电子总数	最外层电子数
氢 ₁H 太小,较为特殊	无	1
锂 ₃Li	2	1
钠 ₁₁Na	10	1
钾 ₁₉K	18	1
铷 ₃₇Rb	36	1
铯 ₅₅Cs	54	1
钫 ₈₇Fr	86	1

图 1-5 碱金属元素的电子数

铯引起的恶性肿瘤

钾是对人体极为重要的一种碱金属。我们全身的肌肉与神经都离不开它（详见第四章）。

人体由 60 万亿个细胞组成，而钾活跃在每一个细胞中，发挥着各种各样的作用。你找遍浑身上下，都找不到一个完全用不到钾的细胞。

植物普遍含钾。土豆与绿色、黄色蔬菜中含有大量的钾。我们能通过进食摄入钾，为肌肉细胞和神经细胞加油。

然而，人一旦吃下含有放射性铯的食物，这些铯就会顺着钾的输送渠道流向全身。它们流到哪里就辐射到哪里，于是就引起了内照射。

　　放射性铯能引起各类恶性肿瘤，比如胃癌、肺癌、大肠癌、白血病等。所有细胞都会用到钾，所以人体一旦把铯误认为钾，并将其吸收，它就会被输送至全身的每一个角落。

碱土金属家族

　　接下来再看看和铯出现频率一样高的锶吧。核电站事故之后，它也受到了全社会的广泛关注。其实人体误认锶的原理和误认铯的原理完全一样，只是锶的最外层轨道有 2 个电子，而不是 1 个。

　　锶的原子序数是 38，所以它的原子核由 38 个质子组成，而原子核周围运行着 38 个电子。其中 36 个电子把内层轨道填满了，于是剩下的 2 个就被挤到了最外层。

　　而钙的原子序数是 20，它有 20 个质子和 20 个电子。其中18 个电子填满了内层轨道，剩下的 2 个分布在最外层。

　　这两种元素的最外层轨道都只有 2 个电子，所以人体很容易把锶误认为钙。

在元素周期表中，锶和钙都在左起第 2 列。属于这一列的元素有铍（Be）、镁（Mg）、钙（Ca）、锶（Sr）、钡（Ba）、镭（Ra）。这些元素的最外层轨道都是 2 个电子，所以它们很容易失去这 2 个电子，变成 +2 价的阳离子。

放射性锶带来的风险

放射性铯能引起各种恶性肿瘤，而人体一旦摄入放射性锶，患上白血病的风险就会直线上升。

因为人体内 98% 的钙分布于骨骼中（骨骼的主要成分是磷酸钙），被误认的锶也会被输送到身体各处的骨骼。

深入骨骼的放射性锶会释放出放射线。放射线便会导致骨

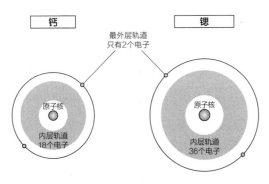

图 1-6 锶与钙的电子排布

骼癌变，使人患上骨肉瘤。

然而，放射性锶还能引起另一种恶性疾病，而且它的发病率远远高于骨肉瘤。这种恶性疾病就是白血病。

骨骼中心的骨髓是生产红细胞与白细胞的工厂。大家总会把骨骼想象成"又白又硬的东西"，但只有骨骼表面的骨皮质符合这一描述。被骨皮质包裹着的部分略带红色，那就是骨髓。

大家吃炸鸡时，不妨把鸡骨头敲开观察一下：光滑而坚硬的白色骨皮质内侧呈红黑色，而且很脆。无论是人还是鸡，都会用这部分生产红细胞与白细胞等血液细胞。红黑色正是红细胞的前身"成红血细胞"的颜色。

被骨骼吸收的锶产生的辐射不仅会影响骨骼细胞，更会伤害就在附近的骨髓细胞。骨髓一旦出问题，后果不堪设想。因为骨髓是生产血细胞的地方，时刻都在进行快速的细胞分裂。

细胞癌变的时刻

细胞一旦暴露在辐射之下，就要面临癌变的风险。而细胞最容易癌变的时刻，就是分裂的瞬间。

基因对生命体至关重要。它平时都整整齐齐地折叠在细胞内，不会有任何闪失。

基因是拥有双螺旋结构的细丝状 DNA。细丝虽然易断，但是整齐缠绕在线团上的丝线是不会轻易断裂的。因此完整的细胞就算稍微吸收一点辐射，基因也不会受到太大损伤。但在分裂的那一刻，细胞会露出些许破绽。

基因需要在细胞分裂时自我复制，生成一套新的基因。所以细胞会在这个时候把小心折叠起来的基因拆开，使它变成细长的链条。这一刻，基因处于毫无保护的状态，一旦遭到辐射，就会被轻易破坏。要是破坏的地方不凑巧，细胞就会产生癌变。

为了大量生产红细胞、白细胞等血细胞，骨髓无时无刻不在进行细胞分裂。人体把生产血细胞的工厂藏得这么深，也是为了防止工厂受到外界的不良影响。

问题是，人体一旦摄入放射性锶，就无异于把辐射源安在了血液工厂隔壁。久而久之，生产红细胞与白细胞的造血细胞就会纷纷癌变，引起白血病。

被白血病侵袭的细胞会在遭受辐射二至三年后开始增加，在第六至第七年达到峰值。而胃癌、大肠癌等实体癌的发病率上升速度比白血病慢得多。因此核电站一旦出事，我们首先需要提防的就是白血病。

何谓"周期"?

人体之所以会把铯和钾搞混、把锶和钙搞混，关键在于这两对元素的最外层轨道拥有相同的电子数。这一点在元素周期表上体现得淋漓尽致，应该不需要我再多解释。下面让我们来看看周期表的"行"。

如前所述，周期表是按照元素的原子序数排列的，1 号是只有 1 个质子和 1 个电子的氢、2 号是有 2 个质子和 2 个电子的氦……而"每一行有几个元素"也是解读周期表的要点之一。

周期表的第 1 行只有氢和氦，第 2 行则有包括碳、氮在内的 8 个元素。第 3 行也是 8 个元素（包括钠、铝等）。第 4 行与第 5 行都有 18 个元素。

每一行的元素数量与电子轨道能容纳的电子数量一一对应。最内层的轨道只能容纳 2 个电子。如果元素还有第 3 个电子，就只能排到更外侧的轨道，所以元素周期表的第 1 行只有氢和氦，有 3 个电子的锂被列在第 2 行。

为了方便大家理解，我之前用的都是"第 1 行"、"第 2 行"这样的表述。其实元素周期表的行是有正式名称的，叫**周期**。氢和氦是第 1 周期，包括碳、氮等元素的第 2 行是第 2 周期，包括钠、铝等元素的第 3 行是第 3 周期，以此类推。

我在前面的章节说过，我反对把周期表的列称为"族"，但"周期"这个名称倒是深得我心。因为它完美诠释了原子特性的本质。顺便一提，周期翻译成英语是"period"。

周期由电子的排布决定

接下来，让我们仔细瞧一瞧每个周期的电子排布。

第 1 周期的元素只有 1 层轨道，电子数量上限是 2 个。第 2 周期的电子数量上限比第 1 周期多，最多可容纳 8 个电子。所以第 2 周期的元素最多可以有 2+8=10 个电子。电子数量一旦超过 10 个，就会被排到第 3 周期。

第 4、第 5 周期的原子比较大，轨道的表面积也相应增大，因此第 4、第 5 层轨道能容纳的电子数一下子增加到 18 个。所以这两个周期每行有 18 种元素。这就是元素周期表的排列方法。

请大家注意，每层轨道的电子数量上限并不是随机的。第 2 层与第 3 层都是 8 个，第 4 层与第 5 层都是 18 个。所以周期表的第 2 行与第 3 行都是 8 个元素，而且属于同一行的元素有相似的性质。第 4 行与第 5 行也是如此，只是这 2 行都有 18 个元素罢了。

我们也可以说，"第 2 周期与第 3 周期的元素以 8 为周期"，"第 4 周期与第 5 周期的元素以 18 为周期"。

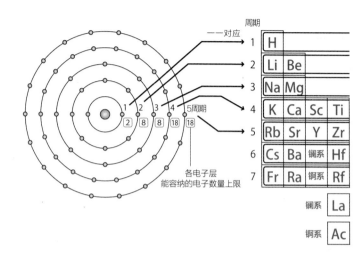

每个周期的元素会呈现出周期性的变化。正因为元素周期表体现出了元素的这种变化，它才会被命名为"周期表"。

拓展栏目：决定电子轨道的四项原则

元素周期表的本质，就是体现"元素性质的周期性变化"。那么元素的性质为什么会呈现出周期性的变化呢？其实，这个问题背后隐藏着一套美妙到叫人窒息的理论。

嫌麻烦的读者可以跳过这个栏目，直接看第二章。不过大

															He	②
									B	C	N	O	F	Ne	⑧	
									Al	Si	P	S	Cl	Ar	⑧	
V	Cr	Mn	Fe	Co	Ni	Cu	Zn	Ga	Ge	As	Se	Br	Kr	⑱	
Nb	Mo	Tc	Ru	Rh	Pd	Ag	Cd	In	Sn	Sb	Te	I	Xe	⑱	
Ta	W	Re	Os	Ir	Pt	Au	Hg	Tl	Pb	Bi	Po	At	Rn		
Db	Sg	Bh	Hs	Mt	Ds	Rg	Cn								

Ce	Pr	Nd	Pm	Sm	Eu	Gd	Tb	Dy	Ho	Er	Tm	Yb	Lu
Th	Pa	U	Np	Pu	Am	Cm	Bk	Cf	Es	Fm	Md	No	Lr

图 1-7 在轨道上运行的电子与周期的关系

家要是静下心来，把这部分内容参透，一定能更加深刻地感受
到元素周期表的魅力。

其实决定电子轨道的变量只有 3 个：主量子数 n、角量子数 l、
磁量子数 m。

原则 1 主量子数 n=1、2、3……

主量子数 n 是最基本的变量，它决定了电子轨道的大体能量。
n 只能是 1、2、3 这样的自然数（正整数）。简单来说，n=1 代
表最内侧的电子层，n=2 代表比第一层稍远的电子层，n=3 代表
比第二层更远的电子层，以此类推。当主量子数增加时，原子

的外层电子将处于更高的能量值。

原则 2 角量子数 l=0~n-1

角量子数 l 只能取小于 n 的非负整数。它决定了电子轨道的形状。

原则 3 磁量子数 m=-l~+l

磁量子数 m 也只能取整数，而且这个数字的绝对值必须小于角量子数 l。它决定了电子轨道的伸展方向。

原则 4 每个轨道最多容纳 2 个电子

这条原则也很重要，每个轨道的电子数量上限是 2。

世界上有一百多种元素，而它们的电子轨道都是由主量子数 n、角量子数 l、磁量子数 m 这三个量子化参数决定的。大家不觉得这个世界分外简单，也分外美妙和谐吗？

而元素周期表就用一张简简单单的图表完美诠释了这四项有些费脑的原则。从这个角度看，周期表着实是一部浓缩了精华的伟大作品。

光看文字，大家可能会觉得晕头转向。别担心，只要把具体的数字填进去，就很好理解了。请各位对照第 40 页的一览表，听我慢慢道来。

主量子数 n=1 时

角量子数 l 必须是小于 1 的非负整数，那就只可能是 0。磁量子数 m 也只能取 0。这种情况下只有 1 个轨道，因此电子最多不会超过 2 个。周期表最上面的那一行，即第 1 周期就属于这种情况，所以第 1 周期只有氢和氦这 2 种元素。

主量子数 n=2 时

角量子数 l 必须是小于 2 的非负整数，所以它可以取 0 或 1。

如果角量子数 $l=0$，则磁量子数 m 只能取 0；如果角量子数 $l=1$，那么磁量子数 m 可以取 -1、0 或 1。每个轨道能容纳 2 个电子，总共是 $2 \times 4 = 8$ 个电子。

"8"这个数字是不是很眼熟？没错，周期表的第 2 周期从锂至氖，一共是 8 个元素。这个周期代表的是主量子数为 2 的元素。

周期表的神奇之处还不仅仅是这些。

主量子数 n=3 时

角量子数 l 必须是小于 3 的非负整数，所以它可以取 0、1 或 2。

如果角量子数 $l=0$，则磁量子数 m 只能取 0；如果角量子数

l=1，那么磁量子数 m 可以取 -1、0 或 1；如果角量子数 *l*=2，那么磁量子数 m 可以取 -2、-1、0、1、2 这 5 个值。

每个轨道可以容纳 2 个电子，所以 *l*=0 时是 2 个电子，*l*=1 时是 6 个电子，*l*=2 时是 10 个电子。

3 个数字相加等于 18，即 n=3 时，电子数量是 18。"咦，不对啊！"——能瞧出问题的读者相当了得！没错，第 3 周期的元素只有 8 个，而不是 18 个。这就是周期表的精妙之处……

l=2 时，能量非常高，甚至超过了 n=4 的部分轨道。因此 *l*=2 时的 10 个元素被安排到了第 4 周期。

第 2 周期和第 3 周期都是 8 个元素，一看就很有周期性。通过我上面的解释，想必大家也能意识到，这两个周期有相同的长度绝非偶然。因为两者的元素数量都是 *l*=0 时的 2 个，加上 *l*=1 时的 6 个，总共 8 个。元素周期表用异常简单的形式淋漓尽致地体现出了这一点，真是太了不起了。

第 4 周期与第 5 周期都由 18 种元素组成，这也不是一个巧合。*l*=0 时的 2 个，加上 *l*=1 时的 6 个，再加上 *l*=2 时的 10 个，全部加起来就是 18 个。

这 2 个周期的计算方法和第 2、第 3 周期完全一样，我就不赘述了，请大家参阅第 40 页的一览表。

第 6、第 7 周期也符合这个规律。乍一看，周期表上这 2 个周期貌似都只有 18 种元素，但仔细一看就会发现，镧系元素与锕系元素是单独列在下面的。与第4、第5周期相比，这2个周期还要加上 $l=3$ 时的 14 个元素，总计 32 个元素。请大家注意，第 6 周期与第 7 周期的元素数量是相等的。

综上所述，元素周期表为我们完美呈现了元素周期奏响的和弦。相邻的 2 个周期完全一致，像相邻的 2 张书页。每隔 2 个周期，元素的名额就有所增加，增幅也呈等差数列：2、6、10、14……

我一直认为，元素周期表才是宇宙法则一手打造的顶级艺术品。

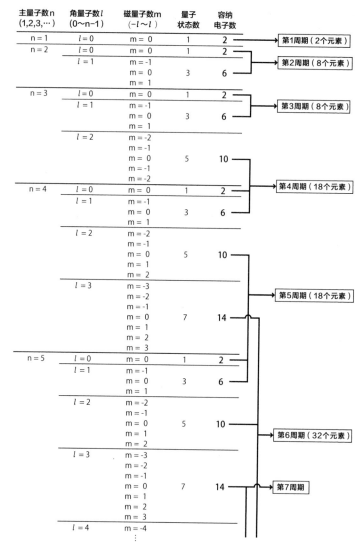

图1-8 量子状态与周期的关系

第二章

通过元素周期表解读宇宙

元素并非诞生于地球

　　大家可能会觉得宇宙和元素周期表毫无关联，这都是学校照本宣科式的教育惹的祸。其实，只要掌握解读周期表的方法，我们对宇宙的理解就会有飞跃性的提升。本章的目的就在于此。我甚至觉得，元素周期表本身就是一个"小宇宙"。

　　我们周围的元素是从哪儿来的呢？其实，除了一小部分例外，天然元素几乎都无法在地球上形成。组成人体的元素大多来源于宇宙。

　　元素的诞生有一项至关重要的条件——温度一定要超过1000万度。

　　原子核由质子和中子组成。质子带正电，照理说它们应该相互排斥，无法组成原子核。但是当质子与中子这样的核子无限接近时，它们之间会产生"核力"。核力远大于质子相互排斥的力量，于是原子核就形成了。

在理论层面推导出核力机制的人，就是著名的汤川秀树博士。

汤川博士认为，质子和中子通过交换一种有质量的未知粒子，产生了交互吸引的作用力，这种作用力就是核力。这种未知粒子被命名为"介子"，汤川博士提出的理论就是"介子理论"。

十二年后，英国物理学家塞西尔·弗兰克·鲍威尔真的发现了介子，证明了介子理论的正确性。一九四九年，汤川博士凭借他的杰出贡献，成了有史以来第一个荣获诺贝尔奖的日本人。

其实"介子理论"背后还有一个有趣的小故事：汤川博士有失眠的毛病。在一个不眠之夜，他盯着天花板上的年轮纹样看了半天，突然灵光一闪，想出了介子理论。年轮中央有两个连在一起的圆圈，形似葫芦。他越看越觉得这木纹像原子核，于是就有了灵感。

介子理论本身也是用算式表达的，但博士的灵感竟来源于天花板上的年轮，这一点真是耐人寻味。

言归正传。要创造出新的元素，就需要让一个原子的原子核和另一个原子的原子核接近到会产生核力的距离。然而，带电的原子核会相互排斥，除非有超级巨大的能量作用在它们身上，逼着它们接近。只有超过1000万度的超高温状态才能实现这样的效果。

毫无疑问，地球上绝不会有超过1000万度温度的地方。地表肯定没那么烫，地心深处的岩浆也不过1000度左右，根本没法与 1000 万度相比。所以新元素不可能在地球上自然形成。

元素出自 1000 万度以上的高温

宇宙那么大，要上哪儿去找 1000 万度的高温呢？超高温状态主要出现在下列三种情况下：

1. 形成宇宙的"大爆炸"发生后

在 137 亿年前，宇宙诞生于一场大爆炸之中。能创造出宇宙这种庞然大物的爆炸，温度之高可想而知。据说大爆炸 1 秒后的温度足有 100 亿度，比 1000 万度高多了。

2. 发生在太阳等恒星内部的"核聚变"

恒星内部的温度高于 1000 万度，也是新元素的摇篮。我们最为熟悉的恒星太阳也是如此。太阳的核心温度有 1500 万度。在这样的环境下，氢原子会相互聚合，形成新的氦元素。

但核聚变在太阳上并非随处可见。太阳表面看似烈火熊熊，但温度只有 5500 度左右，无法孕育出新元素。这么一对比，大家就能想象出"1000 万度"有多高了吧？

3. 恒星寿终正寝时——"超新星爆炸"

当一颗巨型恒星（质量超过太阳的十倍）寿终正寝时，会发生爆炸。这就是所谓的"超新星爆炸"。科学家认为，宇宙中那些比铁更重的元素，几乎都是在超新星爆炸后的最初 10 秒内形成的。

接着就让我们具体分析一下上面三种情况。

原始宇宙如此形成

众所周知，我们的宇宙形成于 137 亿年前发生的"大爆炸"。问题是，科学家是怎么推测出这一点的呢？

观测结果显示，宇宙正在不断膨胀。换言之，宇宙原来并没有这么大，时间线越往前推，宇宙就越小。推到底，宇宙就汇集到一个点上。科学家通过计算，发现在 137 亿年前，宇宙就是一个点。

当然，我上面说的这些都是"纸上谈兵"，但科学家们的确观测到了大爆炸留下的电磁波。要是没有发生过大爆炸，那些电磁波就解释不通了。

目前学界的主流理论认为，在大爆炸发生 100 万分之 1 秒后，基本粒子就诞生了。那些基本粒子聚集起来，在 1 秒后形成了氢的原子核。在大爆炸 3 分钟后，氢的原子核聚集在一起，形成了氦。于是氢占 92%、氦占 8% 的原始宇宙就这样形成了。

之后，大量的氢汇聚到一起，形成了恒星。氢的原子核在恒星内部发生核聚变，产生了氦。巨大的能量在这个过程中被释放出来。正是核聚变产生的能量点亮了无数恒星。

氢燃烧殆尽后，氦就会发生核聚变，逐渐生成碳（C）、氮（N）、氧（O）等质量更大的元素。

不过，能在恒星内部形成的元素只到铁（Fe）为止。因为铁的原子核最稳定，恒星内部无法形成比铁更重的元素。

铁是元素中的优等生

所有元素中，铁的原子核的能量水平最稳定。因此比铁更轻的元素（比如氢）会想方设法通过核聚变让自己变重。

而铀（U）、钚（Pu）这些比铁重的元素则会发生核裂变，让自己变轻。比如铀 235，一旦吸收中子，就会裂变成氪 92 与钡 141。

如图 2-1 所示，原子越重，原子核的结合能越大，结合之后就越稳定，因此核聚变的顺序是氢先聚变成氦，然后氦再聚变成碳……如此这般。

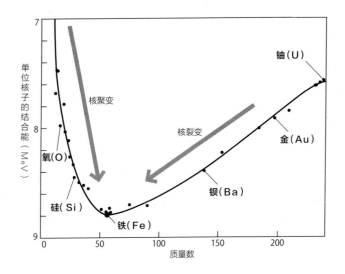

图 2-1 所有元素都在朝能量最稳定的"铁"努力

然而核聚变反应到铁就结束了。比铁重的元素的结合能偏小，反而不稳定。它们不光无法进行核聚变，反而会为了变成最稳定的铁进行核裂变。

顺便一提，核电站与原子弹利用的就是铀等比较重的元素发生核裂变时释放出的能量。这些能量会转化为热能。换言之，核电站的发电原理就是把图 2-1 右侧结合能的差值转换成电力。

太阳之所以能释放出能量，是因为氢进行核聚变时多余的能量转变成了光与热。太阳能发电技术利用的就是这些能量。我们熟悉的石油与煤炭，也是远古时代的植物通过化学方法固定下来的太阳能。所以火力发电利用的也是图 2-1 左侧的核聚变能。

那么比铁重的元素究竟是在宇宙的哪个角落形成的？形成的原理又是什么？

比铁重的元素不算多（大约 65 种），但每一种都在我们的生活中发挥着重要作用。没有锌（Zn），我们的神经就无法顺畅地传导信息；没有碘（I），就无法合成甲状腺素，导致全身代谢速度异常下降。银（Ag）、金（Au）与铂（Pt）都比铁重得多，虽然数量不多，但它们的确存在于自然界。

这些重元素是怎么诞生的呢？长久以来，这一直是宇宙的未解之谜。不过现在科学家通过研究发现，大多数重元素都来源于超新星爆炸。

出自超新星爆炸的元素的化学进化

再过 50 亿年，太阳内部的氢等元素就会燃尽。之后，它会先变成"红巨星"（体积是现在的 100 倍以上）。所谓红巨星，就是大气膨胀、温度下降后发红的恒星。如果那时地球的公转轨道和现在一样，那它很可能被变大的太阳吞噬。然后，太阳会释放出大量气体，在距今 70 亿年后变成和地球一般大的白色死星——白矮星。

问题是，比太阳大 10 倍以上的恒星一旦用尽燃料，就无法保持原型，进而发生爆炸。这就是所谓的超新星爆炸。大量能量会在爆炸时释放出来。在爆炸 1 秒钟后，比铁更重的元素就会相继诞生。

研究结果显示，当中子撞到原子核时，中子就会发生 β 衰变（中子衰变为质子、电子与反中微子），转变成质子，形成更重的元素。

一旦发生超新星爆炸，无数尘埃就会散落到周围的宇宙空间。尘埃聚到一起，形成新的恒星。新恒星死亡时也会发生超新星爆炸，形成更重的元素。这个过程周而复始，每发生一次，就会有比铁更重的元素诞生。

我们将这种现象称为"**元素的化学进化**"。"化学"本是代表元素组合变化的专业术语，所以我觉得用"原子核进化"或者"元素进化"更合适一些。

那么，我们所在的太阳系处于化学进化的哪个阶段呢？如前所述，太阳很小，不会引发超新星爆炸。但是地球和太阳系的其他地方的确有比铁更重的元素。由此可见，太阳系的化学进化程度已经相当高了。

这意味着太阳系在太阳和地球诞生前，已经经历过超新星爆炸。换言之，利用锌和碘等比铁更重元素的人类的存在，完全建立于宇宙化学进化史的基础上。

参宿四的天体秀何时上演？

本节的内容和元素没有太大关系，而是与"超新星爆炸"有关的热点话题。

眼下有一颗恒星吸引了研究宇宙科学的专家们的关注。它是猎户座的参宿四。学者们认为，它发生爆炸的日子已经不远了。

猎户座在冬季星座中分外惹眼，而"猎户"肩膀上的参宿四则是这个星座中最明亮的一颗红星。亲眼见过这颗星星的读者一定不在少数。

实际上，这颗参宿四已经走完了生命99%的路程，随时都有可能发生超新星爆炸。

许多观测结果都暗示着它的宿命——人们通过哈勃望远镜观测到它表面的白色花纹，而且它已经开始变形，表面长了个"大瘤子"。还有数据显示，它正在以惊人的速度收缩。

顺便一提，哈勃望远镜是在距离地表600公里的轨道运行的太空空间望远镜，于一九九〇年由美国成功发射。它不受地表大气与天气的影响，能够精确观测各类天体。

宇宙是如此浩瀚，每天都会有超新星爆炸发生，只是爆炸发生在遥远的其他星系。我们所在的银河系，每30至50年会发生一次超新星爆炸。而参宿四离太阳系很近，如果它真的爆炸，那很有可能是智人诞生20万年以来规模最大的天体秀。

东京大学的研究小组对参宿四的爆炸情况进行了估算。它一旦爆炸，将释放出相当于满月光芒100倍的光亮。另外，南昆士兰大学的研究小组认为，参宿四爆炸时的亮度足以让我们在白天清清楚楚地看到它。

但是，谁都说不清参宿四到底会在什么时候爆炸。

它的确处于"随时都有可能爆炸"的状态，但也完全可能在100万年以后才爆炸。宇宙的时间单位就是如此巨大！

宇宙到处都是氢

以太阳为首的太阳系由地球、火星等行星，月亮与木卫二等卫星，系川等小行星与陨石，还有哈雷彗星等彗星组成。图2-2体现的是各种元素在太阳系中的存在量。

宇宙实在太大，科学家们会对全宇宙的元素存在量进行推算，但不同的人得出的数值差比较大。如果把范围限定在太阳系，数据就比较精确了，所以下面使用的都是太阳系的数据。

图表的横轴是原子序数，越靠左的元素越轻，越靠右就越重。换言之，图表左侧的元素在元素周期表中的位置比较靠上，而图表右侧的元素位于元素周期表的下方。

纵轴体现出元素的存在量。正如大家所见，越靠右的元素越少（换言之，周期表下方元素的存在量低于位于上方的元素）。

请大家注意，这张图表的纵轴是"对数"。差一格就差了10倍。乍看之下，氧（O）只比氢（H）少了一点点，但两者的存在量差了整整三格。也就是说，氧的存在量是氢的1/1000。其实在现实世界中，氢和氧差了不止三格——太阳系中的氧只有氢的1/3000。

想必大家已经发现，太阳系到处都是氢。若按质量计算，太阳系的70.7%是氢，27.4%是氦。其他元素全部加起来也不到2%。

而且氢是一种很轻的元素，如果按原子数量计算，太阳系的90%都是氢，氦占9%。把其他元素全部加起来，才是剩下的1%。

放眼太阳系之外，恒星之间是广阔无垠的真空地带。这里几乎什么都没有，只有一点点氢。虽然氢的浓度很低，但宇宙空间的体积实在太大，积少成多，数量也相当可观了。

总而言之，宇宙中的元素以氢为主，其次是氦，其他元素几乎可以忽略不计。无论是海水、雨水还是我们血液中的水分，都是由取之不尽用之不竭的氢构成的。

46亿年前，围绕太阳运行的岩石与尘埃聚集到一起，形成了地球。其实地球上现有的物质，大多数都是在地球形成之初就存在的。为什么呢？如前所述，宇宙中的元素几乎都是宇宙

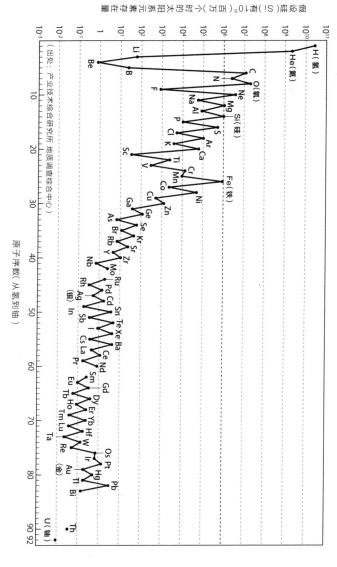

图 2-2 太阳系的元素存在量

原子序数（从氢到铀）

（出处：产业技术综合研究所 地质调查综合中心）

53

大爆炸后，在恒星核心和超新星爆炸中产生的，所以除了一小部分例外，地球上绝不会有新的元素诞生。

在46亿年的悠长岁月里，地球上的元素几乎没有发生任何变化。改变的并不是元素本身，而是元素的"搭配组合"。也就是说，生命建立在无数元素的搭配组合的变化上。

从这个角度看，生命是多么缥缈又无常。大家不觉得元素走过的历史有一种超越人类智慧的庄严与伟大吗？

拓展栏目：生命之源是彗星捎来的？

在学习量子化学时，我的研究课题是用量子化学的方法，分析金牛座的暗星云中发生的化学反应。

所谓暗星云，就是自体不发光，且能够遮蔽其背后的星云与星体的光亮，显得比周围更暗的区域。我所在的研究小组选择这个课题，是为了证明"生命之源氨基酸来源于宇宙，而非形成于地球"。

然而，八十年代的主流学说认为，原始的地球大气中含有大量水、甲烷、氨和氢。在雷电作用下，这些物质发生化学反应，形成了氨基酸。一九五三年，米勒－尤列实验在烧瓶中成功再现了上述反应。

但学界也有人提出反对，毕竟能靠雷电生成的氨基酸很少，不足以形成生命。所以有了新的猜想：莫非早在地球诞生之前，太阳系中就存在大量的氨基酸？

于是，我们把目光投向了金牛座的暗星云。它的状态与太阳系形成之前颇为相似。如果能在暗星云里找到氨基酸，就意味着在地球诞生之前，太阳系也可能存在氨基酸。

正如我在第一章中解释过的，量子化学是一门通过计算薛定谔方程阐明化学反应的学问。地球上存在重力，所以计算起来特别复杂。

而宇宙空间几乎不存在重力影响，所以性能不太强大的电脑也能勉强进行轨道的计算。在电脑的帮助下，我们成功弄清了金牛座暗星云内氨基酸合成的部分流程。当然，我们的研究成果还不够完美。

后来，科学家发现原始大气中只含有少量甲烷与氨，因此"氨基酸来自宇宙"的观点逐渐得到了学界的认同。

问题是，尘埃与岩石刚形成地球的时候，地球的温度非常高。就算这时宇宙空间中存在氨基酸，高温也会破坏它的结构。

而且种种迹象显示，曾有一个与火星相当的巨大天体撞上了地球。那次撞击产生的碎片形成了月球。这就是所谓的"大碰撞假说"。如果事实真是如此，绝大多数氨基酸都会在碰撞的那一刻被破坏。

那么生命究竟是如何诞生的？目前最受支持的假说是"彗星捎来了宇宙中的氨基酸"。

彗星的尾巴非常漂亮。科学家认为，这些尾巴里含有水和氨基酸。地球在围绕太阳公转时，会不断通过彗星留下的轨迹（当然，肉眼看不到这些轨迹）。彗星留下的水和氨基酸就会在这个时候被地球吸走。

举个例子来说，英仙座流星雨就是斯威夫特·塔特尔彗星每隔一百三十三年留下的碎片。这些碎片一边燃烧，一边冲入大气层，形成了难得一见的美景。但是除了这些显眼的碎片，肯定还有体积更小的水滴与氨基酸默默降落在地表，只是我们没有发现罢了。双子座流星雨也好，象限仪座流星雨也罢，都是彗星残骸燃烧所致。彗星每次大驾光临，就会为地球补充新的水与氨基酸。久而久之，地球上就有了足够的生命基础。

我这个人特别讨厌迷信，更不相信占卜和符咒之类的东西。但每当仰望夜空，看到流星时，我也会下意识地许个愿。如果生命之源氨基酸真是彗星捎来的，那地球上的生命体不就成了流星的远房亲戚吗？

人们会形成"向流星许愿"的习惯，说不定是冥冥中自有某种力量在引导。

第三章

不断进行化学反应的人体

重复三十八亿年的选择与淘汰

我们在第二章中探讨了神奇的宇宙，而我们的身体也和宇宙有着密不可分的联系。在深入学习医学的过程中，我惊讶地发现，人体内留有宇宙诞生的痕迹，这着实耐人寻味。而元素周期表也能在某种程度上帮助我们揭开生命的奥秘。

刚进医学院没多久，我在生理学的第一堂课上发现了人体与宇宙的交点。老师在课上讲起了人体的元素构成。

"各位同学，元素的大致比例一定要记住，这是一个重要的考点。"教授边说边把体内元素的一览表写在黑板上。在其他同学看来，那不过是一连串毫无意义的符号。大多数人抄写板书时都是一脸百无聊赖。

但我学过量子化学，一看到那张一览表就有种醍醐灌顶的感觉。那一刻的惊讶与感动，至今记忆犹新。我对元素已经有了相当的了解，所以一看到那张表上的元素比例，就看到了一连串的进化过程：宇宙的一部分变成地球→地球的一部分变成大海→大海孕育了生命……

我们人类花了三十八亿年的漫漫时光，终于进化成了今天的模样。在这个漫长的过程中，我们为了维持生命，尝试了各种化学反应，并将实验成果留给子孙后代。当然，生命并不能"主动"尝试化学反应。只有恰好采用与环境相适应的化学反应的个体才能留下子孙，其他个体则会被自然淘汰。

我们的人体就建立在反复的尝试与淘汰上。生命进化的历史，就是不断在电子轨道上尝试化学反应的可能性的三十八亿年。

当然，如果生命体周围大量存在某一种元素，那么它就能频繁地用这种元素进行测试，最终发现有利于生存的化学反应的概率也比较高。生命体自然会朝着"利用这种元素"的方向进化。从这个角度看，宇宙中的元素和组成人体的元素有密切的联系。这到底是一种怎样的联系呢？让我们来细细论证一番。

但请大家注意，我接下来的分析是按原子数量进行的。如果按质量进行计算，得出的结果会有差别。

人体是由四种元素构成的精密装置

在解说人体和宇宙的关联前，先让我们对照元素周期表，看看人体究竟由哪些元素构成。

也许很多人以为，人体的主要成分是碳。然而，要是按原子数量计算，其实人体的62.7%是氢，其次是氧，占23.8%。

为什么人体中会有这么多氢和氧呢？因为人体大部分都是水。水的分子式是H_2O，1个水分子由2个氢原子和1个氧原子组成。人体中氢和氧的比例基本是2:1。

由于水会不断在身体内外循环，也有人认为，在计算组成人体的元素时，应该把水排除在外。然而，其他元素也会在人体进进出出，水并不是特例。

在人体内原子数量排名第三的碳，也是来了去，去了来。碳水化合物、脂肪和蛋白质中都含有大量碳，这些碳会在我们

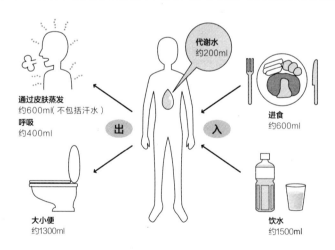

代谢水
约200ml

通过皮肤蒸发
约600ml(不包括汗水)
呼吸
约400ml

出

入

进食
约600ml

大小便
约1300ml

饮水
约1500ml

图 3-1 循环于人体内外的水

进食时被肠道吸收。

与此同时，人体也会将等量的碳原子排出体外（除非发胖或变瘦）。

那我们是如何排出碳原子的呢？

一部分碳会随着大便离开人体，但大多数碳是在呼吸时被排出体外的。人体会利用氧燃烧养分，生成二氧化碳，我们呼出的气里就有很多二氧化碳。顺便一提，人几乎不会通过尿液排出碳原子，除非患上了糖尿病。

碳就是这样在人体内外循环，不会有同一批碳原子在体内长久停留。

总之，组成人体的大多数元素都会不间断地在体内外循环，

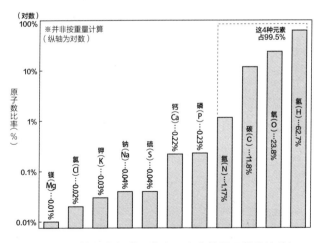

图 3-2 人体元素组成一览表（比率按原子数量计算）

只把水排除在外未免有失公允。

　　人体中原子数量排名第四的元素是氮。空气中存在氮分子，由两个氮原子组成。而我们体内的氮则是蛋白质的主要成分氨基酸的必备元素。蛋白质是人体的基础，所以我们体内才会有这么多氮。

　　人体的 99.5% 是由以上四种元素组成的。甚至可以说，人体是由氢、氧、碳、氮构成的精密装置。

　　这些元素分别在元素周期表的哪些位置呢？人体中含量最高的氢位于周期表的第 1 周期，氧、碳和氮都在第 2 周期。元素明明有一百多种，但组成人体的元素基本集中在周期表的上方。也就是说，人体基本是由原子序数较小的元素构成的。

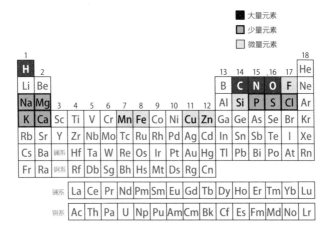

图 3-3　人体所含的元素（按原子数量计算）

组成人体的少量元素

在含量榜上名列第五至第十一的元素被称为**"少量元素"**。少量元素有哪几种呢?

第五名磷（P）和第六名钙（Ca）

提起磷，大家想必会联想到火柴与肥料。殊不知我们体内也有很多磷。

我们之所以用磷做火柴，是因为磷的燃点较低，在260度[①]就能点燃。正因如此，土葬的尸体分解后释放出的磷才会被自然界中的放电现象"点燃"，形成所谓的"鬼火"。叫人闻风丧胆的鬼火，其实是我们体内的磷在作祟。

包括我们人类在内，大多数生物都离不开磷。细胞是依照细胞核内DNA上的设计图生成的，而DNA中必然含有磷酸。所以没有磷，细胞就无法进行分裂，生命也无法传承给下一代。

磷也是骨骼与牙齿的原材料。很多人以为骨骼与牙齿里都是钙，但纯净的钙是金属。我们又不是《终结者》里的机器人，哪能用金属打造身体呢。其实，骨骼与牙齿的主要成分是一种叫"羟基磷灰石"的磷酸钙化合物。

---

①此处指红磷的燃点。

"羟基磷灰石"这个词经常出现在牙膏广告里，想必很多读者都听到过。它的分子式是 $Ca_{10}(PO_4)_6(OH)_2$，的确有磷。而且按原子数量计算，钙与磷的比例是 10 比 6，可见骨骼与牙齿中的磷比我们想象的要多。

不过，我们平时不需要特意补磷，只要正常饮食就可以。因为我们平时吃的是动植物，而对动物和植物来说，磷都是不可或缺的元素。无论是荤菜还是素菜，都含有大量的磷，只要你不是一个非常不注重饮食的人，就不至于缺磷。医生也不会号召我们多补充磷，这就让人产生了"磷和我们没多大关系"的印象。

磷明明是生命活动必不可少的元素，我们竟很少意识到它的存在，由此看来，人们对元素的认识还真是马虎。

第七名硫（S）

提起硫，大家首先想到的恐怕就是温泉了。其实人体的必需氨基酸之一甲硫氨酸中就有硫。除此之外，皮肤、头发和指甲的主要成分角蛋白中也有硫。

我们的毛发有一定的弹性，稍微用力拉一下也不会断。这是由于硫原子紧密相连，维持毛发的强度。要是没有硫，毛发就会变得特别脆，稍微碰一下就成了一堆粉末。要是有人夸你的发质好，可得给硫记头功。

第八名钠（Na）和第九名钾（K）

我会在第四章中详细介绍这两种元素。多亏了它们，我们的肌肉和神经才能正常工作。

无论是钠还是钾，在我们体内都是以 +1 价阳离子的形态存在，只有负离子才能中和它，所以排名第十的就是以负离子存在于体内的氯。

第十名氯（Cl）

为什么人一喝酒就犯困？为什么安眠药能帮助我们入睡？因为酒和安眠药里有氯离子（准确地说是"氯化物"）。

我们的大脑中有一种神经细胞叫"GABA 能神经元"，它会利用一种叫"GABA"的神经递质来传导信息。这种神经一旦兴奋起来，大脑的活动就会趋于平静，让人犯困。

会使大脑亢奋的神经的膜上有一些能让氯离子通过的小孔。人体内存在大量氯离子，但这些孔在平时处于闭合状态，所以氯离子无法随意进入细胞。但是当酒精或安眠药激活 GABA 能神经元后，小孔就会开启，让氯离子大量进入细胞内部。

氯离子是 -1 价的阴离子。氯离子大举进入后，细胞内部的环境也会带负电。如此一来，大脑不容易亢奋起来，人就产生了困意。这就是人一吃安眠药、一喝酒就犯困的原因所在。顺便提醒大家一下：服用安眠药之后千万不能喝酒！否则会有过量的氯离子涌入神经细胞，让局面一发不可收拾，严重的话甚至会导致呼吸停止，一睡不起。

第十一名镁（Mg）

人体内的镁有 60% 分布于骨骼中。

我们不用特意补磷，但是要强健骨骼，光补钙是不行的，还得摄入足够的镁。

最理想的比例是在摄入两份钙的同时摄入一份镁。无奈现代人只知道补钙，很多人都处于缺镁状态。钙与镁的比例一旦失衡，骨密度就会下降，患上心肌梗塞、心绞痛的风险也会直线上升。

海带、裙带菜等海藻，以及杏仁都是富含镁的食材。

人体内很少有重元素

接下来让我们对照元素周期表，找一找第五名到第十一名的元素分别在哪里：有五种元素位于第 3 周期，其余两种位于第 4 周期。

人体中最多的四种元素都在第 1 周期和第 2 周期。也就是说，在人体中含量较高的元素都集中在周期表的上方，含量较低的元素都在周期表的下方。其实，组成宇宙的元素也是如此。

人体基本是由十五种元素组成。除了上面提到的第一到第十一名，排名第十二到第十五的分别是铁、锌、锰和铜，而这四种元素都位于第4周期。果然，周期表越靠下的元素就越少！

人体内还有极其少量的第5周期元素（锶与碘）。但第6周期之后的元素基本不可能在人体内找到。

为什么人体内有如此多的周期表上方的元素，却难觅周期表下方元素的踪迹呢？答案很简单，因为周期表上方的元素大量存在于宇宙中，而下方的元素要少得多。

组成人体的元素都形成于地球诞生之前，所以人体内的元素以宇宙中大量存在的轻元素为主。

炼金术士的徒劳促进了化学的发展

地球上的元素本身不会变化，但我们体内的每个角落都无时无刻不在进行化学反应。化学反应的本质，就是元素间组合方式的变化。

比如，我们的身体会燃烧葡萄糖，发生下列化学反应：

$$C_6H_{12}O_6 + 6O_2 \rightarrow 6CO_2 + 6H_2O$$

二氧化碳（CO_2）与水（H_2O）是由多种元素组合而成的，我们称之为化合物。葡萄糖燃烧产生的二氧化碳与水就是诞生于我们体内的化合物。

然而，就算人体燃烧了葡萄糖，碳、氢、氧这些元素也不会发生任何变化，改变的只有元素的组合方式。换言之，这些元素并不是在我们体内诞生的。

地球上的元素会通过各类化学反应不断地改变排列组合，但是元素本身基本保持不变。绝大多数元素都是在地球诞生之前形成于宇宙空间的。

不过有些元素的确会衰变成其他元素，放射性物质就是一个很典型的例子。它们的原子核不太稳定，因此在衰变的同时还会释放出放射线，所以我们把它们称作放射性物质。

比如在核电站的反应堆里，铀235会不断衰变分裂成碘131、铯137与锶90等。福岛核电站事故之所以严重，就是因为这些放射性物质泄漏到了反应堆之外。

但是放眼整个地球，放射性物质还是很特殊的。一般情况下，化学反应只会改变元素的组合搭配。

可是在历史长河中，很多人不知道这一点，白白浪费了自己的大好人生。这些人就是中世纪欧洲的炼金术士。

他们每天都将各种各样的金属与药剂混合在一起，希望能够点石成金。换言之，他们试图通过化学反应人工制造出金子。然而，金也是一种元素。化学反应只能改变不同元素的组合方式，却不能创造出新的元素，所以炼金术士的挑战必然会以失败告终。

话虽如此，炼金术也不是百无一用。盐酸、硫酸与硝酸都是在炼金术的研究中发现的，蒸馏器等实验仪器也是炼金术士们发明创造的。甚至可以说，现代化学是建立在炼金术上的学问。

发现万有引力的伟大科学家艾萨克·牛顿也曾沉迷于炼金术的研究，因而被世人称作"最后的炼金术士"。

为什么我们体内没有氦

照理说，人体内的元素应该和宇宙中的元素一一对应，可为何人体内没有宇宙中存在量排名第二的氦呢？

元素与元素之所以会发生化学反应，大多是为了填满最外层轨道的空位，让能量稳定下来。但氦所在的第18列元素比较特殊，它们的最外层轨道本没有空位，所以几乎不会和其他元素发生化学反应。

第18列元素的原子可以单独存在，而且能量非常稳定。除了少数例外，它们甚至不会形成分子。生物再怎么想办法，都很难将它们的电子轨道运用到生命活动中。

除了氦，第18列的氖、氩等元素也不存在于人体之中。

这就是宇宙中存在量排名第二的氦在人体中不见踪影的原因。

何为化学反应

如前所述，化学反应的本质是元素排列组合的变化。这一点对于理解"元素"至关重要，所以我会在这一节中举几个更具体的例子，帮助大家加深理解。

先看氢气和氧气混合而成的"氢氧混合气体"。这种气体一旦被点燃，就会发生剧烈的化学反应，生成水。这种现象就是所谓的"氢气爆炸"。福岛第一核电站出事后也发生过。这个反应的化学方程式如下：

$$2H_2 + O_2 \rightarrow 2H_2O$$

为什么会发生这样的反应呢？因为氢原子与氧原子的最外层轨道都有空位。有空位的原子是非常不稳定的，所以这两种原子会两两结合，以氢分子（H_2）与氧分子（O_2）的形式存在。

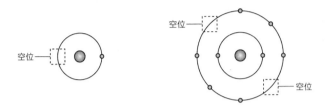

图 3-4 氢原子与氧原子的电子排布

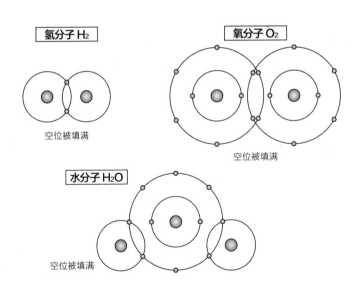

图 3-5 氢分子、氧分子与水分子的电子排布

氢分子中的 2 个原子各出 1 个电子，把最外层轨道填满。氧分子也一样。所以 H_2 与 O_2 都比较稳定。

要是氢与氧改变一下组合方式，变成水分子（H_2O），就更稳定了，因为氧原子 O 与氢原子 H 的轨道形状完全吻合，2 个 H_2O 的总能量比 2 个 H_2 与 1 个 O_2 的能量更低。

地球上所有重的物质都有从高往低运动的倾向，因为低处的势能较低，更稳定。同理，原子也会通过改变和其他原子的组合搭配，让自己进入能量更低的稳定状态。这就是氢与氧会通过化学反应生成水的原因。

"氢气爆炸"是一种非常单纯的反应，大家应该很容易理解。其实地球上所有化学反应的本质都是如此。用一句话来归纳，就是分子通过改变原子的组合，转移至能量更低、更为稳定的状态。

人体内部的化学反应自然也不例外。所有生物体内都在不断发生化学反应，对原子进行重新组合，以达到能量更低的状态。原则固然简单，但无数化学反应结合起来，就能实现功能强大的生命活动。

为什么铍在宇宙中很稀有

我在之前的章节中说过，某种元素在周围的环境中越多，生命体就越有机会尝试这种元素的电子轨道的潜力。有一种元素就淋漓尽致地体现出了宇宙与人体的关系。

请大家翻回53页，再看一看图2-2。原子序数为4的铍往下凹了一大块，对不对？它明明比碳、氮、氧更轻，却在宇宙中难觅踪影。人体内也没有这种元素。一般来说，组成人体的元素大多集中在周期表的上方（比较轻），但铍显然不符合这条规律。因为宇宙中的铍很少，它再轻也不会出现在人体中。

即便在科学发展日新月异的今天，铍的用途也非常有限。核反应堆会用铍做减速剂，以降低核反应堆内中子运动的速度。用于观测宇宙的空间望远镜也会用到铍。然而这几种用途都局限于专业领域，和我们的日常生活相距甚远。

那么宇宙中，铍为什么这么少呢？

问题出在铍的性质上。氦是一种非常稳定的元素，由4个质子与4个中子组成的铍8刚刚形成，会立刻分解成2个氦原子，所以宇宙中只存在少量多出一个中子的铍9。

而3个氦原子结合在一起便成了碳原子。碳比氦更稳定，碳原子一旦形成，就不会分裂成3个氦原子。照理说，2个氦原子相撞的概率比3个氦原子相撞的概率高得多，所以碳本该比铍8少。但由于铍8极不稳定，宇宙中碳12的含量就相对多了。

于是碳成了地球生命体的必备元素。如果铍8比氦更稳定，说不定地球上就不会诞生现在这样的生命体了。从这个角度看，

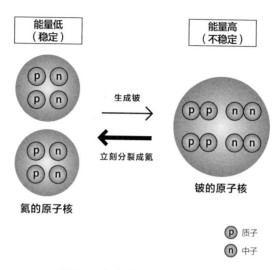

图 3-6 稳定的氦与不稳定的铍

不稳定的铍 8 也许是我们的大恩人。

如图 2-2 所示，铍前后的锂与硼也比较少，只是不如铍那么稀有，因为这两种元素质子与中子的数量组合碰巧不太容易凑到。

那在人体中能找到这两种元素？锂是完全没有，硼倒是能找到一些。

现在人们对锂的需求很大，因为它能用来做锂电池。但它的储量很少，这直接导致电池的成本居高不下。

提起硼，大家一定会立刻联想到眼药水。因为硼不容易刺激眼结膜，却有抑制细菌繁殖的效果，人们常把它加在眼药水里当防腐剂。

换言之，锂与硼离我们的日常生活更近一些。然而，和原子序数排在它们后面的碳、氮、氧相比，锂与硼就算不上什么常见的元素了。瞧瞧，这又和图 2-2 不谋而合了吧。我觉得那张表也能在某种程度上体现出元素与我们的"距离"。

原子序数为偶数的元素更稳定

细心的读者可能已经发现，图 2-2 的线条呈明显的"锯齿状"。这表明，原子序数为偶数的元素比原子序数为奇数的元素更容易大量存在。

原子核有一种特性：质子数为偶数时，其能量更稳定。这就是原子序数为偶数的元素更多的原因。这一规律被称为"奥多 – 哈根斯法则"。

在组成人体的元素中，氮排名第四。它也是一种很重要的元素，但它的存在量远远不及第二位的氧和第三位的碳。可以认为，比起奥多 – 哈根斯法则，更大的原因是宇宙中氮的含量不如原子序数排在它前后的碳和氧多。

当然，还有一个因素是由 2 个氮原子结合而成的氮分子比较稳定，很难发生化学反应。但如果宇宙里到处都是氮，也许生命体就会朝着以其他形式利用氮的方向进化了。

我们离不开元素

"补铁能预防贫血。"

"补镁能强健骨骼。"

"要预防味觉障碍，得多补锌。"

大家肯定听说过这类保健小知识吧。铁、镁、锌是人体必不可缺的金属元素。这已经成了无人不知的常识。

但金属也不能乱补。大家听过"吃汞对身体好"这种说法吗？肯定没有吧。汞也是金属，可它不仅无益于人体，还有剧烈的毒性。熊本县水俣湾发生的"水俣病"，以及新潟县阿贺野川下游发生的"第二水俣病"，都是由汞引起的公害病。

对人体有害的金属不止汞这一种。镉会引起痛痛病，铅会导致铅中毒，砷也是一种广为人知的剧毒物质。一九九八年，在和歌山市夏夜祭上，有四人因食用了分发的含有砷的咖喱，中毒身亡，砷的毒性因此被世人熟知。前文中提到的铍对人体也有毒性。

有的金属有益于健康，有的金属却能夺人性命。总的来说，宇宙中大量存在的金属一般都对我们有益，而那些比较稀有的金属很可能有毒。

生命经过了长达38亿年的进化。在进化的过程中，生命体会想方设法利用周围环境中存在的元素。久而久之，生命体就找到了利用铁、镁、锌等金属元素的诀窍。

　　一旦熟练掌握了运用这些元素的方式，生命体就开始依赖它们。要是摄入量不够，身体就会出问题。

输送氧的宝贵金属

　　生命体逐渐学会利用周围环境中的各种金属元素，其中有一种元素在生命活动中发挥着至关重要的作用，它就是铁。在人体中，铁的职责是把氧输送至全身上下 60 万亿个细胞。我们甚至可以说铁是人类的生命线。

　　血液从肺部出发，将氧输送至全身，然后把代谢产生的二氧化碳运回肺部排出。但氧与二氧化碳的运输方式截然不同。

　　用血液输送二氧化碳真是再简单不过了，因为二氧化碳能溶于血液中的水，变成碳酸。即二氧化碳会自己转化成碳酸水，血液不用作任何特殊处理，只要让水分在全身循环就行了。

　　但运输氧就没那么容易了。它的可溶性比二氧化碳差得多，如果血液是冷的，还能稍微溶解一些，可我们体温有 37 度，温度一高，溶解度就直线下降。

　　顺便给大家普及一个小知识：为什么热带的海水这么透明？因为那里的海水温度较高，溶解在水中的氧比较少，浮游生物不易存活，于是海水看起来清澈见底。而北方的海水水温较低，溶有更多的氧，更适合浮游生物繁殖，所以水看上去比较浑浊。浮游生物多了，以浮游生物为食的鱼也多，所以巨大的鲸鱼才会栖息在北极圈与南极圈。

我们体内的血液比热带的海水还要热，氧很难溶于血液。这就需要红细胞中的血红蛋白大展身手了。血红蛋白中有一种叫"血红素"的红色色素，铁就位于血红素的中心（如图3-7所示）。正因为血红蛋白中有铁，它才能高效快速地搬运氧。

其实，用化合物搬运氧也绝非易事。能和氧结合的物质比比皆是——只要是能氧化的东西，都能和氧结合。问题是，我们还得把这些氧输送给细胞。和其他东西结合在一起的氧对人体细胞毫无用处。

在肺部与氧结合，再将氧输送给全身的细胞——只有体积够大的金属才能完成这项工作。碳、氢、氧、氮等构成的普通有机化合物的原子太小，不是没法与氧结合，就是结合得太彻底。

而铁原子比上面几种原子都要大，只要充分利用它最外层的电子轨道，就能在温度较低的肺部让它与氧结合，然后再在温度较高的其他地方将氧剥离。血红蛋白就是专门为"运载氧"量身设计的蛋白质。

所以人体一旦缺铁，氧的输送环节就会出问题，进而造成贫血。女性朋友有月经，每个月都会流失一定的血液，更容易

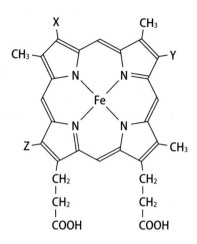

图 3-7 血红蛋白中的部分血红素

缺铁,因此贫血患者以女性居多。

其实从化学角度看,能用来运输氧的金属不止铁一种。铬(Cr)、锰(Mn)、钴(Co)、镍(Ni)、铜(Cu)等元素的最外层电子轨道状态与铁相似。从理论上来说,只要稍稍调整蛋白质的结构,也许就能创造出和血红蛋白有类似功能的物质。

那为什么人体会把命运托付在铁身上?一言以蔽之,因为铁的存在量多!如果宇宙中到处都是钴,人体就可能用钴来运输氧。这样一来,我们的血液也许就是钴蓝色的了。

第四章

为什么我们能"动"？

动物靠两种元素驱动

在上一章中，我们通过元素周期表领略了从宇宙诞生到生命诞生的 137 亿年。而本章将会聚焦 38 亿年的生命进化历程，揭示进化的神奇。本章的关键词就是对各项生命功能至关重要的"神经与肌肉"。

动物能动，正是因为有肌肉。而动物之所以能感知到光线、声音、气味与味道，则是拜神经所赐。换言之，是肌肉与神经决定了动物的性质。人也是动物的一种，肌肉与神经对我们人类也至关重要。

神经是一种利用电刺激，即脉冲传导信息的组织。而肌肉能通过伸缩驱动我们的身体。乍看之下，两者似乎没有什么关联，殊不知它们的基本工作原理几乎相同，而且都离不开钠与钾这两种元素。

钠与钾能通过专用的小孔进出细胞内外，实现各种各样的神经功能与肌肉功能。

让我们翻到元素周期表，确认一下钠与钾的位置。它们都属于周期表最左侧的第 1 列。

第 1 列元素的最外层轨道只有一个电子，所以它们很容易失去这个电子，变成 +1 价的阳离子。我在第一章中也介绍过，人体容易把铯误认为钾。

钠也很容易失去最外层的电子，因此它在人体内呈 +1 价的离子状态。

请大家注意，钠与钾在元素周期表里是上下层的邻居。这是动物将神经与肌肉的功能建立在这两种元素上的原因所在。

钠是一种不稳定的金属

钠的原子序数是 11，位于元素周期表的第 1 列、第 3 周期。

第 1 列又名碱金属。看到这儿，也许会有不少读者纳闷：钠居然是金属？的确有很多人以为钠并非金属。这也难怪，曾经连化学家都不敢确定钠是不是金属，还为此争论不休。

纯净的钠是有金属光泽的银色固体，一看就知道它是金属。只是它的外围轨道只有一个电子，所以它的性质很不稳定。

钠原子一有机会就抛弃那个电子，变成 +1 价的阳离子。如此一来，它的电子轨道刚好排满，进入比较稳定的状态。

纯净的钠一旦暴露在空气中，就会迅速氧化。要是碰上水就更不得了，甚至可能爆炸。为了防止这种情况，研究室一般会把钠浸在煤油中。

人体内当然没有煤油，所以我们体内不存在纯净的金属钠，只有稳定的 +1 价钠离子。

我们最熟悉的钠莫过于氯化钠了。氯化钠就是食盐。其实，食盐在海水中占了近 2.9%，在我们的血液中也占了 0.9%。自不必说，食盐里的钠也是 +1 价的离子。

体重六十公斤的人有四千贝克勒尔[①]的放射能

钾也是一种碱金属，位于周期表的第 4 周期。钾的英文名 Kalium 原是德语词，它的词源是意为"草木灰"的阿拉伯语。顾名思义，钾是在草木灰里被发现的。

小学的理科课本上都有这样一句话：要把植物养好，就要施氮肥、磷肥和钾肥。

钾肥中的钾会被植物细胞吸收，帮助植物苗壮生长，所以

---

① 放射性活度的国际单位，简称贝克，符号为 Bq。放射性活度是指每秒钟有多少个原子核发生衰变，表示放射性的强弱，活度越大放射性越强。

植物的细胞里有很多钾。钾和钠一样，也是金属，与组成植物的其他有机化合物不同，用火是烧不掉它的，所以草木灰中才会含有大量的钾。

植物离不开钾，动物也不例外。如果没有钾，人也会立刻丧命。钾是一种非常重要的元素，人体进化出了一套系统来积极地摄入钾，所以与钾性质相似的铯才有机会鱼目混珠（详见第一章）。

核电站事故发生后，人们对辐射这个词分外敏感，殊不知天然的钾中也含有少量的放射性同位素钾40。人体每公斤的体重中含有 2 克钾，其中万分之一就是钾40。也就是说，一个体重 60 公斤的人有 4000Bq 的放射能。

而且大多数食品多少含有一些钾，其中的万分之一依然是具有放射性的钾40。换言之，每公斤食品中含有数十乃至数百贝克勒尔的放射能。但请大家不要担心，这点辐射不至于危害到我们的健康。

豪华的建筑物常使用花岗岩装潢，而花岗岩中也含有大量钾，所以花岗岩也有辐射。日本的国会议事堂外壁就是用花岗岩做成的，因此外壁附近的放射剂量高达 0.29 微西弗，和那些属于辐射热点的区域有一拼。

单质形态的钾和钠一样，都是闪闪发光的银色金属。然而，钾的最外层轨道也只有 1 个电子，也非常不稳定，因此它会和水发生激烈的化学反应，变成 +1 价的阳离子。当然人体中的钾都是比较稳定的离子。

综上所述，钠与钾的电子轨道排布非常相似，性质也很相近。它们在周期表上的位置就充分体现了这一点。

当然，它们毕竟是两种不同的元素，所以它们的性质也不是完全相同。很像，却不是完全一样——动物的进化历程就巧妙地利用了钠与钾微妙的差异。

幽灵姿势从何而来

神经与肌肉是动物机能的基础。那么钠与钾是如何在其中发挥作用的呢？

神经会产生脉冲（电子亢奋状态），通过脉冲传导信息。而肌肉会通过收缩驱动我们的身体。然而，光是制造脉冲或收缩还远远不够。

神经之所以能够传递一波又一波的信息，是因为它能在亢奋后迅速恢复平静。如果神经一直处于亢奋状态，就无法接收任何信息，只会不断浪费能量。

电脑能通过 1 与 0 的排列组合处理各种各样的信息，而神经也能通过开关亢奋状态的排列组合传递信息——这就是神经功能的本质。

同样，要是肌肉在收缩后无法恢复原状，那它们就毫无用处。人也会变成木头人，再也做不出第二个动作来。我们将这种状态称为"痉挛"。当然，痉挛是一种病态，需要治疗。

但我们每一个人都会在死后不久，迎来全身肌肉只收缩不舒张的时刻。

人一旦死亡，血液就会停止循环，肌肉无法维持伸展状态，收缩起来。这就是尸僵现象的本质。

一旦出现尸僵，手腕和手肘会发生弯曲，怎么都掰不直。无论是手腕还是手肘，都有让关节弯曲和伸直的肌肉，但前者的力量比后者更强。人死后，两种肌肉同时发生尸僵，而让关节伸直的肌肉不够强，于是关节就弯曲了。

大家不妨把双手的手腕和手肘弯起来试试——这个动作是不是很眼熟？没错，这就是鬼故事里幽灵会摆的姿势。自古以来，人的尸体都会摆出这个姿势，久而久之，"手腕手肘弯曲"就成了幽灵的经典动作。

扯远了，如果肌肉只会收缩不会舒张，那就一点用处都没有。无论是神经还是肌肉，都要靠不断切换状态来实现它的功能。而状态的切换就取决于细胞内外的电位是正还是负。

无论是神经细胞还是肌肉细胞，平时（静息状态）都是细胞膜内侧电位为负，外侧电位为正。

一旦有信号传来，细胞内外的电位状态就会逆转，将细胞激活。此时肌肉会收缩，神经会传导脉冲。虽然肌肉与神经履行的职责不同，但两者切换状态的流程与基本机制完全相同。

那么当这两种细胞接收到信号时，它们又是如何调整细胞内外的状态的？其实，钠与钾在其中扮演着非常关键的角色。

"似像非像"——元素之间的默契

人类体内共有 60 万亿个细胞，而每个细胞中都含有大量的钾。细胞外侧有淋巴液和血液，这两种液体中含有大量钠，所以血的味道是咸的。

当然，我们体内的钠与钾并非处于金属状态，而是能溶于水的离子。这两种元素为了释放最外层轨道的那个电子，都会变成 +1 价的阳离子。

细胞膜上有专供钠离子通过的小孔，也有专供钾离子通过的小孔。无论是肌肉细胞还是神经细胞，接到信号后会先打开针对钠离子的小孔，于是细胞外的钠离子就蜂拥而入。

当 +1 价的钠离子进入细胞后，细胞内部的电位就由负转正。与此同时，细胞外侧的阳离子变少，电位由正转负。小孔一开，细胞内外的环境就这么逆转了。

这个时候，肌肉会自动收缩，神经则会传导脉冲。换言之，钠离子从细胞外侧移动到内侧后，肌肉与神经就被激活了。

但肌肉细胞和神经细胞还得恢复原状，它们可不是一次性用品。细胞内外的状态必须立刻切换回来，否则这两种细胞就不能完成下一个工作。在这个关键时刻，钾就要发挥神力了。

钠离子进入细胞，使细胞内部电位变正后，细胞膜上专供钾离子出入的小孔就会开启。细胞内的钾离子浓度较高，它会通过这些小孔流向细胞外。钾离子也是 +1 价的阳离子，它们出去后，细胞内的电位恢复为负，细胞外的电位恢复为正。如此一来，肌肉细胞与神经细胞就能为下一波刺激做好充分的准备。

总之，肌肉和神经的运作离不开钠与钾的进进出出。

钠与钾在元素周期表上是上下相邻的，因此它们的元素性质很相似，只是大小稍有不同。生物在细胞膜上进化出了专供这两种离子通过的小孔，而构成这两种小孔的蛋白质也非常相似。

钠与钾两者之间"似像非像"。宇宙中存在这样一对元素，实为动物之幸。

单细胞生物选择的元素

生物选择钠与钾作为控制肌肉与神经的关键元素绝非偶然。

以人体为例，人体细胞的外侧是淋巴液与血液，而在单细胞生物当道时，细胞外是汪洋大海。海水中最多的阳离子就是钠离子。因此对单细胞生物而言，它们唯一的选择就是让钠离子进入细胞。其他元素太少，任如何在细胞膜上开洞，都很难有它们相中的离子进来。这就意味着每次反应都会耗时良久，难以达到快速切换状态的目的。

像前文中说过的，包括钠在内的碱金属，最外层轨道上都只有 1 个孤零零的电子。为了释放这个电子，成为 +1 价的阳离子，它们极易溶于水，因此海水中含有大量的碱金属离子。

其实宇宙中的硅（Si）比钠多得多，在地球上也是如此。但我们很难在海水中找到硅，这正是因为硅不溶于水。地球上的硅大多在岩石中。

因此，钠被动物选中来控制神经与肌肉的首要原因，就是它位于元素周期表的最左侧，属于第 1 族。而且在所有的第 1 族元素中，钠在宇宙中的存在量最大，所以海水中的钠离子也相当多。难怪动物会用钠来当开关。

选定了从细胞外侧进入细胞内侧的元素后，下一步就是决定由内向外走的元素。生物必须用管理钠的方法管理这种元素，所以摆在面前的选项就只有钠正上方的锂和正下方的钾。而海水中的钾显然多于锂，钾就这么被生命体相中了。

如果海水中的锂比钾更多，那生命体兴许会选择锂做开关。

如果是钾下面的铷最多，说不定被选中的就是它了。

导致高血压的"食盐欲"

通过上面的介绍，大家应该都能体会到钠与钾的重要性。无论缺了哪种元素，我们的健康都会出问题。

但是，"食盐不能摄入过量"已经成了当下的保健常识。盐就是氯化钠，即钠离子与氯离子结合而成的晶体。氯离子吃多了不要紧，因为它会随尿液排出体外，问题其实出在钠离子上。

与此同时，专家还呼吁人们多补钾。同样是维持生命活动的重要元素，为什么两者会有这么大的差距呢? 症结就在于我们离开了大海，开始在陆地上生活。

当我们的祖先还在海中悠游时，周围的环境都是钠离子。可是一旦离开海水，进军陆地，祖先们就不得不面对一个缺乏钠离子的环境。要是不采取任何措施，会立刻因为缺钠一命呜呼。所以我们必须在大脑中进化出一种特别的功能，督促自己摄入钠。

久而久之，人产生了一种特别想吃盐的冲动，医学上称之为"食盐欲"。到目前为止还没有弄清我们的大脑究竟是如何催生出食盐欲的，但研究结果显示，这种欲望和下丘脑及扁桃体有密不可分的联系。

钾就不存在这个问题，因为我们平时吃的植物里含有大量钾，只要正常吃饭即可。所以生物离开海洋之后也不需要进化出一套专门督促自己摄入钾的体系。当我们缺钾的时候，大脑也不会产生强烈的渴望。

在原始时代，食盐欲还是有积极作用的。然而在现代社会，运输手段十分发达，人们可以轻松买到从岩盐中提取的氯化钠。可我们的大脑没来得及适应这个变化，要是受欲望的驱使，就会摄入过量的钠。

大家都知道钠摄入过量会得高血压，但你知不知道为什么钠会引起高血压呢？

为保证神经与肌肉细胞膜上的小孔开启时，有足够的钠离子进入细胞内，细胞外必须有足够多的钠离子待命。可钠离子太多，也会出问题。如果过量的钠离子涌入细胞，那么当细胞膜开启针对钾离子的小孔，把钾离子释放出去后，细胞内的电位依然为正，无法恢复原状。为了防止这种情况发生，人类进化出了一套机制来维持淋巴液与血液的钠离子浓度。

要是摄入过量的钠，我们的身体就只能增加淋巴液和血液中的水分，稀释钠离子的浓度。这会导致血液增多，从内向外压迫血管，血压上升；淋巴液也会相应增加，导致面部和其他部位水肿。

很多人误以为多吃盐也不要紧，只要多喝水，就能把多余的钠排出去。殊不知,我们每天能通过尿液排出的钠是有上限的。如果你摄入的钠超过这个上限,人体就无法将其排尽,久而久之就患上了高血压。

不过,有一个办法可以把钠的排放上限提高。这个方法很简单,就是多吃钾。

我们的肾脏会过滤血液,形成原尿,即尿的前身,并从中再次吸收人体所需的成分,比如钠、钾和糖,剩下的才是我们每天排出的尿。

尿液的形成机制非常复杂,不过有一点可以确定,钠与钾总是成对移动的,所以多吃钾能有效抑制肾脏重新吸收原尿中的钠,提升随尿液排出体外的钠的上限。

肾脏管理钠和钾的方法,展现了人体利用这两种在元素周期表上相邻的元素的历史。

营养素摄入量会在不同元素间相互调整

正因为钾和钠之间存在这样的关联性,日本有关部门在二〇〇五年将钾的建议摄入量从每日2000毫克一口气提升到了3500毫克。

但这并不意味着旧标准是错的。如果只考虑钾,一天摄入

2000毫克足够了。日本人的平均摄入量也有2400毫克，不存在任何问题，没必要特意去补。医生与营养师也会根据这个标准指导大家的饮食。无奈现实并不尽如人意。

因为大家摄入的钠实在太多了。钠的建议摄入量有性别之分。男性的摄入量最好控制在3500毫克以下，但日本男性的实际摄入量高达4600毫克。女性的建议摄入量在3000毫克以下，但实际摄入量足足有3900毫克。从这项数据就能看出，无论男女都摄入了过多的钠，难怪高血压的发病率会这么高。

要解决这个问题，我们首先应该努力减少钠的摄入量。但无论厚生劳动省如何呼吁，大家都不舍得减少盐的用量，于是干脆提高钾的建议摄入量，以"大家都会摄入过量的钠"为前提，借助钾的力量排出体内的钠。

每种植物都含有钾，无论是吃蔬菜、水果还是豆类，都能起到补钾的效果，海带、羊栖菜这样的海藻类食品就更理想了。因为它们不仅含有大量的钾，还富含膳食纤维。这些纤维能和钠离子结合，防止人体吸收过量钠，可谓一举两得。

然而，一部分医生对提高钾的建议摄入量持反对态度。

因为肾功能低下的人（比如慢性肾功能不全患者）不容易排出体内的钾。钾在体内越积越多，导致血液与淋巴液中钾的浓度上升。上升到一定水平后，即使肌肉与神经细胞上的小孔打开了，细胞内的钾离子也很难来到细胞膜外。钾离子出不去，细胞无法完成状态的切换，到时候肌肉与神经就无法正常工作了。

体内积蓄过多的钾还会危害到心脏。心脏由心肌组成，过多的钾会影响心脏的搏动，严重的话甚至会致死，所以，肾病患者千万要控制好钾的摄入量。

大型药妆店不卖补钾的营养品？

既然钾有利于健康，那买点补钾的营养品吃不就好了吗？但日本国内的大型药妆店并不销售专门补钾的营养品。大家知道这是为什么吗？

要生产补钾的营养品其实很简单，草木灰里含有大量的钾，成本几乎为零。但药妆店可不敢随随便便贩卖。钾虽然对我们的健康必不可缺，可一旦摄入过量，就会威胁到生命安全。

当然，医院里有补钾的注射液，但医生开药时会反复计算用量，生怕出差错。毕竟健康的人摄入过量的钾也有可能心跳停止，一命呜呼。

一九九一年，日本发生了一起著名的"东海大学医院安乐死事件"。一位晚期多发性骨髓瘤患者的长子不忍心看到家人深陷昏迷，备受折磨，要求医生给病人实行安乐死。于是主治医师给患者注射了过量的钾。不久，患者的心脏就停止了跳动。

这起事件掀起了一股讨论安乐死的热潮。最终，这位主治医师被判有罪，缓期执行。

大家千万别被我吓到，只要你没有肾脏方面的疾病，就放心地吃海藻和蔬菜吧，这些食材里的钾还远远不足以损伤心脏。希望大家都能重新审视和调整自己的饮食习惯。

第五章
稀土元素并非局外人

受到全世界追捧的强磁铁

本章的主角是被称为"稀土元素"的一系列元素。

元素周期表纵向有纵向的美，横向有横向的美，而稀土元素体现的就是横向的均衡。

近年来，稀土元素成了备受关注的资源，其价值更是水涨船高。大国纷纷加入了稀土争夺之战，稀土二字也时常出现在报纸的头版头条。

稀土元素被广泛运用于 LED、电视等荧光体，燃料电池，尾气净化装置等高科技产品中。会发生稀土争夺战最大的原因，是因为最前沿的科技产品都离不开强磁铁，而稀土在磁石的生产过程中发挥着无可替代的作用。

举个例子来说，过去医生对病人进行图像诊断的时候，主要选择 CT（电子计算机断层扫描），但是现在采用无辐射的 MRI（核磁共振成像）。MRI 是一种能通过磁力与电磁波将人体的截面转化为图像的装置。CT 设备比较便宜，但它最大的缺点是病人做 CT 时多多少少会受到辐射。而且普通 CT 只能拍出身体横截面的图像，而 MRI 能显示横、纵、斜任意截面的断层图像，画面非常精细，连很小的肿瘤也不会遗漏。

做过 MRI 的人都知道，核磁共振仪是巨大的车轮状。"车轮"内部有一块超高性能的强磁铁。如果没有稀土，人们就生产不出这种磁铁。通过 MRI 发现早期癌症的人都是在不知不觉中接受了稀土的恩惠。

除此之外，电动汽车、磁悬浮列车等交通工具也会用到强磁铁，它的市场需求肯定只增不减。大国之间的稀土争夺战也一定会愈发激烈。

稀土、稀有金属、基本金属

在详细介绍稀土之前，我们先得分清"稀土"和"稀有金属"这两个概念。这两个名字有点相似，把它们搞混的人恐怕不在少数，但这其实是两个完全不同的概念。

铁、铜、铝等产量高，在全世界范围内广泛使用的金属被称为基本金属。

而那些地表储量较少，或是难以简单提取的金属，统称为"稀有金属。钛（Ti）、钒（V）、铬（Cr）、锰（Mn）、钴（Co）、镍（Ni）及铂（Pt）等金属经常出现在我们的生活中，但如果储量较低，基本会被归入稀有金属之列。

"稀土"指的是元素周期表第 3 族中第 4 周期至第 6 周期的稀有金属。用语言来解释的确比较难懂，但只要对照周期表就能一目了然。之后我还会进行更详细的介绍，现在大家只要记住"稀土是稀有金属的一部分"就可以了。

稀土中的"土"指的是"泥土"，因为这类元素少量分布在泥土中。

图 5-1 稀有金属与稀土[①]

---

①稀土元素有两种分类法。将除钪、钇以外，根据原子量，把从镧至铕的元素称为轻稀土，从钆至镥的元素称为重稀土。根据萃取剂的亲和力把镧至钕的元素称为轻稀土，从钷至钬的元素称为中稀土，从铒至镥的元素称为重稀土。

在日本经济飞速发展的一九六八年，日立公司推出了一款叫"稀土彩电"的电视机。这款产品的显像管里使用了稀土元素，提升了画面的亮度，因此得名。不过当时，能在日常生活中接触到稀土元素的机会仅此而已。

然而今时不同往日，眼下稀土元素成了制造高性能磁铁的必备材料，牢牢掌控着世界经济的走向。

用稀土元素制造的磁铁又名**稀土强磁**，它最吸引人的地方就是能长久保持强大的磁力。混合动力汽车与电动汽车的引擎就是用磁铁驱动的，磁力越大，车的动力越强，速度也越高。

而且稀土元素还有其他元素不具备的特性：它们的熔点极高，导热性也好。工业界会对它们一见倾心也在所难免。

无论什么样的装置，只要长时间驱动，多多少少会散发出一定热量。但如果这款装置的导热性能好，热量就不会积聚在里面。即使温度上升，只要零件不融化，装置也不容易损坏。换言之，稀土强磁耐热又耐用，它的用途一定会愈发宽广。

十七种稀土元素

稀土元素一共有十七种。镨（Pr）、钷（Pm）、铕（Eu）、铽（Tb）、钬（Ho）……大家在日常生活中恐怕很难有机会听到它们的名字吧？

其实不久之前，稀土元素不光供给量少，用途也非常有限。当时人们都觉得它们是"周期表中可有可无的元素"。

但是随着科学技术的进步，人们逐渐发现稀土元素可以用来做强磁铁，又能发光。这些都是高科技精密仪器必不可缺的性质。

照理说，如果人们发现了某种元素的新性质，那它应该备受媒体关注，新闻标题上也会出现这种元素的名字，例如"镝争夺战呈白热化"。然而，指出具体元素名称的报道仅限于《日刊工业新闻》《日经产业新闻》这种行业报刊，普通报刊只会用"稀土元素"这个统称——"稀土争夺战白热化"。

为什么呢？因为十七种稀土元素的性质非常相似，用统称更方便。其实稀土元素之所以受人瞩目，正是因为它们的性质有共通之处。

为什么中国能掌控稀土市场

世界各国都需要稀土，可是稀土矿的产地集中在中国。于是围绕着稀土资源的各种矛盾就演变成了国际性的经济问题。

缺乏稀土矿也成了日本经济的一大软肋。目前日本只能从中国进口稀土。

为什么稀土矿会集中在中国呢？两个因素为中国提供了得天独厚的条件。为了在这个时代生活得更加游刃有余，我觉得大家可以了解一下这方面的知识。

每一种稀土元素的电子排布都非常相似，化学性质也差不多，产地往往比较集中。

但这并不意味着能在同一个地方采集到所有稀土元素。稀土元素可以分为两类，一类是原子较轻的"轻稀土"，包括镧、钕等，另一类则是相对较重的"重稀土"，包括镝、镱等。这两类稀土元素的矿床是分开的。

亚洲、北欧、非洲、美洲、澳洲……人们在世界各地都发现了稀土元素的矿床，但大多数都是轻稀土的矿床。目前能开采出重稀土的矿床仅存在于中国的南部。难怪大家都要从中国进口重稀土。

花岗岩中也有重稀土元素，但含量微乎其微。世界各地都有花岗岩，但直接从花岗岩中提取稀土元素成本太高。而中国南部存在由花岗岩风化而成的黏土层。花岗岩中的稀土元素都以离子状态附着在那些黏土上。只要把硫酸铵灌进去，就能提取出稀土离子，开采成本非常低。花岗岩只会在高温多湿的环境下风化，而中国南部恰巧有很长一段时间的气候符合这个条件。

再看轻稀土。我刚才说了，世界各地都发现了轻稀土矿床，但是中国依然是轻稀土领域的领跑者。

轻稀土的矿床虽多，但只有中国白云鄂博的矿床位于地表附近，开采成本非常低廉，成品价格自然也极有竞争力，把其他国家的产品都比了下去。

顺便一提，"白云鄂博"是蒙古语，意为"富饶的神山"。这座城市位于中蒙边境。如果两国的国境线再往南划一些，稀土界也许就会是另一番景象了吧。

日本也有稀土矿？

但日本也许有机会打破眼下的局面。

二〇一一年七月，以东京大学为首的研究小组发现，在夏威夷群岛周边的太平洋中部海域与塔希提岛周边的南太平洋海域，广泛分布着含有稀土元素的淤泥。

二〇一三年，人们又在日本南鸟岛周边的海上专属经济区内，发现了大量含有稀土元素的淤泥。据专家预测，这片海域的储量能供日本国内消费二百三十年之多。最关键的是，这些淤泥中也有目前只能在中国南部开采的重稀土。只要确立一套低成本的开采方法，就能一举解决稀土资源短缺的问题。

海底会有这么多稀土元素，是因为海水中也含有极其少量的稀土元素。它们会吸附在氧化铁等物质上，逐渐沉淀，化作海底的淤泥。虽然这些淤泥都分布在3500米至6000米深的深海，好在它们终究是"泥"，不至于抽不出来。

元素周期表中的局外人

下面就让我们对照元素周期表，仔细分析一下十七种稀土元素吧。

除了位于第4周期的钪（Sc）与第5周期的钇（Y），第6周期的稀土元素都被单独列在外面。大家是不是觉得，这是因为周期表容不下这些稀土元素？实不相瞒，我上高中时也是这么想的。

殊不知这是一个莫大的误会。把稀土元素单独列在外面，才能完美诠释这群元素的本质。甚至可以说，这样的排列方法正体现出了元素周期表的伟大。

从57号元素镧到71号元素镥，这15个元素都属于元素周期表的第3列、第6周期。也就是说，这15个元素都得写在标有"57-71"的那个格子里。

每1格对应1个元素是元素周期表的大原则。但是第3列的第6周期与第7周期分别有15个元素。这么小的地方写不下如此多元素。为方便起见，元素周期表就把这些元素单独列在外面。

也许有读者会觉得纳闷，怎么会有这么多元素挤在一个地方？其实这正体现出了稀土元素的本质。为了帮助大家理解，下面我给大家介绍几种形状比较特殊的元素周期表。

周期表不止一种形状？

众所周知，球的表面积与半径的平方成正比。半径翻倍，表面积就是原来的 4 倍。半径是原来的 3 倍，那么表面积就是原来的 9 倍。原子的表面积也会随着半径的加长而猛增。

	1	2	13	14	15	16	17	18
1	1 H							2 He
2	3 Li	4 Be	5 B	6 C	7 N	8 O	9 F	10 Ne
3	11 Na	12 Mg	13 Al	14 Si	15 P	16 S	17 Cl	18 Ar
4	19 K	20 Ca	21 Sc～31 Ga	32 Ge	33 As	34 Se	35 Br	36 Kr
5	37 Rb	38 Sr	39 Y～49 In	50 Sn	51 Sb	52 Te	53 I	54 Xe
6	55 Cs	56 Ba	57 La～81 Tl	82 Pb	83 Bi	84 Po	85 At	86 Rn
7	87 Fr	88 Ra	89 Ac～112 Cn					

过渡元素（第 3～12 列）都在这里

图 5–2 简约型元素周期表

表面积变大，原子核周围电子轨道的种类也相应增多，甚至会出现内层轨道的能量比外层更高的反常情况。这会导致电子先把外围轨道排满，然后才排布至内层轨道。有这种特征的元素被称为"过渡元素"。

最外层轨道的电子排布是决定元素性质的关键因素。根据这一点编制的元素周期表就如图 5-2 所示。

普通的元素周期表只把镧系元素和锕系元素放在同一格里，而这张表是把所有过渡元素都集中起来。我们也可以说它扩大了镧系和锕系的范围。

其实人们在很长一段时间内使用的是图 5-3 这种短式周期表。当时大家还不了解元素的电子轨道，所以这张表的编排方式和图 5-2 有很大的差别，但是"将过渡元素的一部分集中在

周期	1	2	3	4	5	6	7	8	9		
1	H							He			
2	Li	Be	B	C	N	O	F	Ne			
3	Na	Mg	Al	Si	P	S	Cl	Ar			
4	K	Ca	Sc	Ti	V	Cr	Mn		Fe	Co	Ni
4	Cu	Zn	Ga	Ge	As	Se	Br	Kr			
5	Rb	Sr	Y	Zr	Nb	Mo	Tc		Ru	Rh	Pd
5	Ag	Cd	In	Sn	Sb	Te	I	Xe			
6	Cs	Ba	镧系	Hf	Ta	W	Re		Os	Ir	Pt
6	Au	Hg	Tl	Pb	Bi	Po	At	Rn			
7	Fr	Ra	锕系	Rf	Db	Sg	Bh		Hs	Mt	Ds
7	Rg	Cn									

图 5-3 短式元素周期表

"一起"是两者的共同点。

最外层轨道的电子数量相同，只有次外层的电子数量不同——这就是过渡元素。到第6周期就更夸张了，最靠外的2层轨道的电子排布都完全一样。这些元素就是稀土元素。

如果不把稀土元素集中在一格里，而是像过渡元素一样分别列出的话，就会变成图5-4那样中间细两头粗的元素周期表。

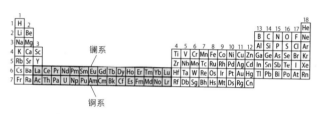

图5-4 中间细两头粗的元素周期表

这样的周期表太宽，看起来很不方便，所以人们才会把稀土元素集中起来。我们熟悉的周期表就是这样设计出来的。

除此之外，还有一种颠覆传统思路的周期表。

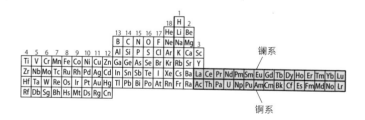

图5-5 国会议事堂形元素周期表

在我们的印象中，第 1 列元素应该在最左边，而第 18 列元素应该在最右边。如果换一个思路，把第 1 列和第 18 列接起来呢？（见图 5-5）

2 号元素氦之后本来是 3 号元素锂，10 号元素氖后面本来是 11 号元素钠。它们之间本就没有"断档"。要是我们不在第 1 列和第 18 列之间切一刀，而是把第 3 列和第 4 列切开，就能画出一张国会议事堂形的元素周期表。这张表能直观体现出"周期数越大，所属元素的数量就越多"，也让我们充分感觉到，"原子"这一球体的表面积会随着原子序数的增加而扩大。

事实上，第 3 列和第 4 列之间也没有"断档"。所有元素都

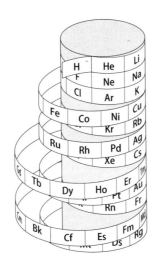

图 5-6 环状周期表（Element Touch）

按原子序数依次相连。但是我们不可能在平面上完美体现出这一点，再怎么绞尽脑汁都没用，就好像我们没法在平面上画出方向和比例都完全正确的世界地图一样。要追求准确性，就得用地球仪。

于是就有人研究起了立体的元素周期表。其中最著名的莫过于京都大学前野悦辉教授构思的"Element Touch"。甚至有人将它称为"周期表地球仪"。

用稀土元素制造强磁铁的原理

理解了元素周期表的本质之后，再让我们把话题拉回稀土元素上。

普通的过渡元素只是最外层轨道的电子排布相同，而稀土元素是最外层和次外层轨道都基本相同，可想而知它们的性质有多么相似。所以，我们也可以说稀土元素是"过渡元素中的过渡元素"，具有横向相似性。

为什么稀土元素能制造出强磁铁呢？关键就在于它们的电子轨道。

铁原子有 N 极和 S 极，大量原子的朝向相同，一块铁就成了"磁铁"。然而好景不长，强磁铁造好后，会不断有铁原子"掉头"。久而久之，磁性就被抵消了。但要是在铁里掺一些钕、镝这类稀土元素，就能防止磁性消失，打造出强劲的磁铁。

稀土元素从外往里数第 2 层轨道有空位，所以原子的形状有点瘪。把稀土原子夹在中间，铁原子就不容易掉头。钕和镝的防掉头效果特别好。

从外往里数第 2 层轨道（次外层）总共能容纳 14 个电子，而钕的次外层只有 4 个电子，空了 10 个位置。镝则正好相反，有 10 个电子，空了 4 个位置。在这两种情况下，原子都会瘪得特别明显，所以它们能长久维持磁铁的磁性。

拓展栏目：第六周期与第七周期的隐藏特征

镧系元素共有十五种。它们之所以全都挤在周期表的同一位置，是因为这十五种元素最外层轨道的电子数量完全相同，次外层的电子数量也基本相同，只有从外往里数第 3 层轨道的电子数不一样，因此这一行元素的性质极为相似。

怎么会有这么神奇的事？结合我在第一章介绍过的"量子数法则"，理解起来就不成问题了。

电子轨道由"主量子数 n"、"角量子数 l"和"磁量子数 m"这三个变量决定。而且这三个数字要遵循下列四条原则：

原则 1：主量子数 n=1、2、3……

原则 2：角量子数 l=0～n-1

原则 3：磁量子数 m=-l～+l

原则 4：每个轨道最多可容纳 2 个电子

电子轨道根据主量子数与角量子数命名。

主量子数直接使用 n 的数值即可。

角量子数就稍微复杂一些：s 轨道、p 轨道、d 轨道、f 轨道分别代表角量子数 l=0, 1, 2, 3 的轨道。

如果主量子数 n=1，角量子数 l=0，那么这条轨道就是"1s 轨道"。如果主量子数 n=2，角量子数 l=1，那么这条轨道就是"2p 轨道"。

请大家注意，电子不一定会先排入主量子数小的轨道。如果角量子数够大，轨道的能量水平就有可能颠倒。比如，电子会先进入 4s 轨道，而非 3d 轨道，因为前者的能量更低。

过渡元素就是这样产生的。

过渡元素先填满最外层的 4s 轨道，再把靠内的 3d 轨道上的空位逐一填满。由于元素的性质基本是由最外层的电子排布方式决定的，所以这一系列元素体现出了相似的金属性质。

而稀土元素以更显著的形式体现出了这一特征。位于周期表第 6 周期、第 3 列的 15 种镧系元素，占了稀土元素的大部分名额。其中原子序数排在首位的 57 号元素才是真正的镧，只是其余 14 种元素与它的性质非常相似，才被统称为镧系元素。

为什么其余 14 种元素的性质会和镧这么相似？瞧瞧它们的电子排布就知道了。

如第 114 页的图 5-7 所示，镧系元素的差异在于 4f 轨道，而外侧的 5s 与 5p 轨道都座无虚席（有几种元素的 5d 轨道没有填满）。更靠外的 6s 轨道也有 2 个电子，没有空位了。

根据薛定谔方程，可知与最外层的 6s 轨道及次外层的 5s 轨道、5p 轨道相比，从外往里数第 3 层的 4f 轨道的能量更高。轨道的能量水平颠倒了。

所以镧系元素的最外层与次外层都是满的，只有从外往里数第 3 层的电子数量不同。不难想象，这群元素的相似性比普通的过渡元素更甚。

第 7 周期的锕系元素也是如此。如图所示，锕系元素的区别在于 5f 轨道，而靠外的一层，除 6d 轨道有部分例外，6s 与 6p 轨道都被电子填满了。更靠外的 7s 轨道也没有空位。因此到 103 号元素为止的 14 种元素都和 89 号元素 "锕" 有极其相似的性质。

我在第一章中也强调过第 6 周期与第 7 周期的 "平行美"。用简明的图表体现出电子轨道孕育的均衡秩序，正是元素周期表隐藏的特征。

镧系元素的电子排布

轨道	电子数量														
	La	Ce	Pr	Nd	Pm	Sm	Eu	Gd	Tb	Dy	Ho	Er	Tm	Yb	Lu
1s	2	2	2	2	2	2	2	2	2	2	2	2	2	2	2
2s	2	2	2	2	2	2	2	2	2	2	2	2	2	2	2
2p	6	6	6	6	6	6	6	6	6	6	6	6	6	6	6
3s	2	2	2	2	2	2	2	2	2	2	2	2	2	2	2
3p	6	6	6	6	6	6	6	6	6	6	6	6	6	6	6
3d	10	10	10	10	10	10	10	10	10	10	10	10	10	10	10
4s	2	2	2	2	2	2	2	2	2	2	2	2	2	2	2
4p	6	6	6	6	6	6	6	6	6	6	6	6	6	6	6
4d	10	10	10	10	10	10	10	10	10	10	10	10	10	10	10
4f	0	1	3	4	5	6	7	7	9	10	11	12	13	14	14
5s	2	2	2	2	2	2	2	2	2	2	2	2	2	2	2
5p	6	6	6	6	6	6	6	6	6	6	6	6	6	6	6
5d	1	1	0	0	0	0	0	0	1	0	0	0	0	0	1
5f	0	0	0	0	0	0	0	0	0	0	0	0	0	0	0
6s	2	2	2	2	2	2	2	2	2	2	2	2	2	2	2

这几条轨道的电子数量完全相同

只有这两条轨道的电子数量在变化

锕系元素的电子排布

轨道	电子数量														
	Ac	Th	Pa	U	Np	Pu	Am	Cm	Bk	Cf	Es	Fm	Md	No	Lr
1s	2	2	2	2	2	2	2	2	2	2	2	2	2	2	2
2s	2	2	2	2	2	2	2	2	2	2	2	2	2	2	2
2p	6	6	6	6	6	6	6	6	6	6	6	6	6	6	6
3s	2	2	2	2	2	2	2	2	2	2	2	2	2	2	2
3p	6	6	6	6	6	6	6	6	6	6	6	6	6	6	6
3d	10	10	10	10	10	10	10	10	10	10	10	10	10	10	10
4s	2	2	2	2	2	2	2	2	2	2	2	2	2	2	2
4p	6	6	6	6	6	6	6	6	6	6	6	6	6	6	6
4d	10	10	10	10	10	10	10	10	10	10	10	10	10	10	10
4f	14	14	14	14	14	14	14	14	14	14	14	14	14	14	14
5s	2	2	2	2	2	2	2	2	2	2	2	2	2	2	2
5p	6	6	6	6	6	6	6	6	6	6	6	6	6	6	6
5d	10	10	10	10	10	10	10	10	10	10	10	10	10	10	10
5f	0	0	2	3	4	6	7	7	9	10	11	12	13	14	14
6s	2	2	2	2	2	2	2	2	2	2	2	2	2	2	2
6p	6	6	6	6	6	6	6	6	6	6	6	6	6	6	6
6d	1	2	1	1	1	0	0	1	0	0	0	0	0	0	1
6f	0	0	0	0	0	0	0	0	0	0	0	0	0	0	0
7s	2	2	2	2	2	2	2	2	2	2	2	2	2	2	2

这几条轨道的电子数量完全相同

只有这两条轨道的电子数量在变化

图 5-7 镧系元素与锕系元素的电子排布

第六章
美妙的稀有气体与气体的世界

稀有气体拥有像满月一般美妙的轨道

第18列元素"稀有气体"代表了元素周期表的纵向美。

此世即吾世，如月满无缺。

曾经，藤原道长用这首和歌表现自己的春风得意。他成为天皇的外戚，高居太政大臣之位，权力一手遮天。他将自己的权势比作满盈的月亮。我觉得用这首和歌来形容稀有气体的美真是再合适不过了。各种稀有气体元素的电子排布，也与藤原道长喜爱的满月一样完美。

稀有气体总共六种，都分布在元素周期表最靠右的一列。它们的最外层轨道完全被电子填满，表现出的性质也惊人地一致。换言之，周期表的"纵向相似性"在稀有气体中体现得淋漓尽致。

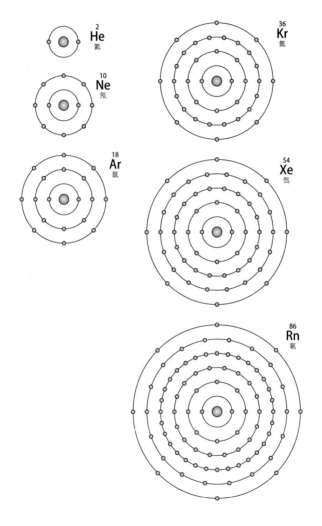

图 6-1 稀有气体的电子排布

如图 6-1 所示，稀有气体元素的轨道都没有空位。原子的电子轨道本就是中心对称的，所以当空位全部填满时，原子就会变成一个完美的球形，好似圆润的满月。

顾名思义，稀有气体元素在常温下都是气态，以气体的形式存在。

我们最熟悉的气体莫过于氧气和氮气了，但是这两种气体都是由两个原子结合而成的分子（O_2 与 N_2）。

而稀有气体则是单原子气体。为什么会这样呢？因为它们的电子轨道已经满了。稀有气体元素不仅不会和其他原子发生化学反应，相互之间也不会反应。

近年来，选择合并或开展合作的企业越来越多。企业这么做，肯定是为了弥补各自的不足之处。如果一家企业已经很完美了，就没有必要跟别人合并或合作。同理，稀有气体的原子已经"自给自足"了，自然不用和其他原子发生化学反应。

那就让我们分别了解一下第 18 列的各种元素。

氦：绝不会爆炸的优良气体

氦（He）是宇宙中第二轻的气体，只比氢气稍微重一点点，所以人们会用它填充气球与飞艇。空气主要由氮气和氧气组成，比例约为 4:1，而氦气比这两种气体轻得多，所以充了氦气的气球才能飘起来。

空气中也有氦气，但是它占的比例非常小，仅为 0.0005%。我们很难直接从空气中提取氦气。

那么用来填充气球和飞艇的氦气是从哪里来的呢？

其实，人们现在使用的氦气基本上都是从天然气中提取出来的。北美、卡塔尔和阿尔及利亚产的天然气中含有低于 10% 的氦气。把甲烷抽走之后，再从剩下的气体中提取氦气即可。

氢气能通过简单的化学反应生成。相较之下，氦气的生产成本要高得多，所以氦气的价格是氢气的四倍以上。那为什么人们不用更便宜的氢气去填充气球和飞艇呢？

其实人们真的用过一阵子氢气。然而，氢气会和空气中的氧气发生化学反应，形成氢气爆炸。福岛核电站也在地震后发生了氢气爆炸。一九三七年，德国的大型飞艇兴登堡号在美国新泽西州上空突然爆炸，造成了大量的伤亡。自那时起，人们就很少用氢气作为填充气体了。

和氢气相比，氦气绝对是一种可以打满分的安全气体。稀有气体又称惰性气体，不会生成化合物，也就不可能引发爆炸。所以氦气再贵，我们还是得用它来填充飞艇和气球。

氖：科学家们魂牵梦萦的元素

提起氖（Ne），大家应该都会联想到餐馆招牌和门口五颜六色的霓虹灯。[①]霓虹灯就是灌有氖气的玻璃管，两端一通电，氖就会放电发光。

氖会发光也和它的电子轨道有关。正如我反复强调的那样，所有稀有气体元素的最外层轨道都处于座无虚席的状态，氖自然也不例外。

但是氖气通电后，巨大的能量会把在稳定轨道上运行的电子推到更外层的轨道上。可这种状态很不稳定，所以电子会想方设法回到原先的轨道上。在这个过程中，多余的能量会以光的形式释放出来。这就是霓虹灯的工作原理。

氖的英语名称"neon"源于希腊语"neos"，意为"新"。英语中有很多以"neo"为前缀的词语，比如 neo-liberalism（新自由主义）、neo-romanticism（新浪漫主义）等等。

但除了氧、碳这些很早就被人发现的元素之外，其他元素都是后来才发现的。换言之，这些元素在刚发现时都是新元素。为什么"neon"这个名字偏偏归了氖呢？

门捷列夫在一八六九年创造了元素周期表。那时，包括氖

---

①氖在日语中写作"ネオン"，与"霓虹灯"是同一个词。

在内的稀有气体元素都尚未发现。后来，英国化学家威廉·拉姆赛发现了氦与氩，周期表上增加了稀有气体的纵列。

然而，氦与氩之间还有一个空格。拉姆赛认定这里还有一种没发现的新元素。功夫不负有心人，经过不懈努力，他终于找到了这种元素。为了表达心中的激动，他将这种元素命名为"neon"。

氩：花粉过敏症患者的救世主

大家可能不太熟悉氩（Ar），但它在空气中的含量仅次于氮与氧。近年来，大气中的二氧化碳不断增加，导致全球气候变暖，引起了全社会的广泛关注，可是大气中的二氧化碳连氩的二十分之一都不到。自不用说，氩在大气中所占的比重比氦和氖高得多。

其实氩和日常生活息息相关，只是我们很少意识到它的存在。

最近越来越多的家庭换上了 LED 灯，但还在使用荧光灯和白炽灯的人也不在少数。荧光灯里灌的大多是氩气。很多白炽灯也会用到它。

往荧光灯里灌氩气，是因为它容易放电。而把氩气灌进白炽灯，可以延长因高温发光的灯丝的使用寿命。氩气在两种灯里的用途不同，但是人们利用的性质是一样的：无论是放电，还是处于高温状态，稀有气体都不发生化学反应。

空气中的氩气比较多，容易提取，成本较低，所以它的应用范围也很广。如果它跟氦气一样，只能从天然气中提取，那人们肯定不敢随随便便地用氩气。

我们这些当医生的也非常熟悉氩，因为它是花粉过敏症患者的福音。一旦患上花粉过敏症，鼻腔黏膜就会产生过敏反应，引起流涕、鼻塞等症状。虽然我们不能改变患者的过敏体质，但可以烧灼阻断鼻黏膜，这样就不至于成天流鼻涕了。

以前医生只能用激光治疗患者的鼻腔，但是激光会被水吸收，所以在患者流鼻涕的时候很难操作。但现在我们有了新的办法，把氩变成特殊的等离子体，喷在鼻黏膜上，如此一来就能有效缩短治疗时间。这也是利用了惰性气体几乎不会发生化学反应的特质。

等离子体就是被电离的气体，是由电子和阳离子组成的物质集合，既不是液体，也不是气体或固体，常被视为物质的第四态。其实只要给足了能量，任何元素都能变成等离子体，但某些元素的等离子体会和黏膜上的种种成分发生化学反应，生成对人体有毒的化合物。使用稀有气体就不存在这个问题，直接擦在患处也不碍事。氩是成本最低的稀有气体，所以医生才会用它治疗花粉过敏症。

氙：隼鸟号探测器背后的功臣

如前所述，氙的发现者是英国化学家威廉·拉姆赛，其实他同时还发现了氪（Kr）和氙（Xe）。

氪的英文名"krypton"来源于希腊语"kryptos"，意为"隐匿的"。而氙的英文名"xenon"来源于希腊语单词"xenos"，意为"陌生人"。拉姆赛寻觅这些元素时尝遍的辛酸，也体现在了这两个名字上。

氪也可以用于白炽灯上。它不易导热，所以它的"延寿"效果比氩更好。无奈它在空气中的含量比氩低得多，价格也很高，只有水晶吊灯这种高档产品才用得起。

氙的含量就更少了，价格也特别贵，只能用在一些非常特殊的地方。大家应该还记得小行星探测器隼鸟号吧。它克服重重故障，将小行星"系川"的样本带回了地球。事实上，推动隼鸟号回到地球的引擎所使用的推进剂里就有氙。

要在真空状态的宇宙空间中移动，唯一的办法就是高速喷出重物，利用反作用力前进。只有气体才能高速喷出，可是重的元素一般又是固体。

在常温环境下，第4周期之后的元素中只有稀有气体元素是以气态存在的。这是因为稀有气体的电子轨道已经排满，不容易和其他元素结合。

氙不仅拥有上述性质，还特别重，最适合用来做推进剂。而下一节要向大家介绍的氡也很重，但它具有放射性，实在无法用在引擎里。

氡温泉有益健康？

氡（Rn）是最重的稀有气体元素。提起氡，大家第一个想到的应该就是"氡温泉"吧？秋田县的玉川温泉、鸟取县的三朝温泉、山梨县的增富温泉（据说它是战国英雄武田信玄的私人温泉）都是很受欢迎的氡温泉。可是含有氡的泉水是否真的有益于健康呢？学界还没有定论。

在所有常温状态下为气体的元素中，氡是最重的。它一般存在于矿物中。但它并没有变成固体，也没有和其他元素发生化学反应，变成化合物。

矿物中含有少量的镭，镭衰变后就成了氡，所以氡是被封存在岩石里的。久而久之，它们就融入了温泉，成为我们熟悉的氡温泉。

镭属于第 2 列，和钙、镁一样属于碱土金属。但镭是一种放射性物质，会衰变成氡，同时释放出 α 射线。

听到镭，大家是不是就有些发慌？不好意思，我还得落井下石——氡本身也是一种放射性物质。换言之，受人追捧的氡温泉其实是"辐射温泉"。

听到这话，恐怕没人敢去氡温泉了。但的确有研究报告显示，泡氡温泉有助于改善风湿、神经痛等疾病。很早就有学者认为，少量辐射反而有益健康。这就是所谓的"低剂量辐射兴奋效应"。也有很多实验数据与论文支持这种观点。

然而，主张"辐射越少越好"的科学家也大有人在。两派为此争论不休。但我们很难从科学角度验证，低剂量的辐射究竟会对生命体产生怎样的效果，所以这个问题难以在近期得出明确的结论。

好在玉川温泉和三朝温泉的辐射量都很小。许多专家认为，这点剂量不会危害健康，也不至于对健康有益。

氦、氖、氩、氪、氙、氡，这六种稀有气体的显著特征就是"几乎不和其他元素发生化学反应"。请大家牢记，这是因为它们和藤原道长吟咏过的满月一样，拥有完美无缺的轨道。

音高由气体的重量决定

稀有气体也被广泛使用于潜水人员使用的氧气瓶、吸入式麻醉剂等领域。为什么稀有气体会有这样的用途呢？只需对照周期表便知一二。

氦气是备受欢迎的"派对用品"。吸上一口，声音就会变得特别高。我也在派对上试过一次，那声音真是尖得吓人，把在场的人都逗乐了。

吸了氦气之后声音会变高，是因为氦气很轻。

音高由气体振动的频率决定。振动速度越快，也就是"频率越高"，声音就越高。只要你呼出的气变轻了，就算音调不变，声带的振动速度还是会变快，于是声音就变尖了。

反之，如果你吸入了比空气更重的气体（比如氪或氙），发出来的声音就会变低。

音高是由气体的重量左右的，上述现象并不仅限于稀有气体。轻的气体就能让声音变高，重的气体就能让声音变低，无关种类。大家之所以用氦气开玩笑，只是因为它比较安全罢了。

我用氦气表演过后，很多人都凑上来问我："吸氦气会不会对身体不好？"

不瞒您说，如果吸的是纯度为100%的氦气，那我早就一命呜呼了。这并不是因为氦气有毒，而是因为这口气里没有氧气，人会缺氧而死。人只要吸了完全不含氧气的气体就会死亡，这和气体的成分无关。

当然，店里卖的罐装氦气里掺有氧气，大家不用担心这方面的问题。反过来说，加了氧气的氦气对人体是完全无害的。

其中的原因应该不用我多解释了吧？没错，因为稀有气体的电子轨道都是满满当当的，所以它们不会和任何元素发生化学反应。就算把氦气吸进了肺里，它也会原封不动地被我们呼出去。

据我所知，除了普通的空气，能安全吸入肺部的气体就只有稀有气体。除此之外的气体都会引起各类化学反应，不能随便吸。

以氨气为例，照理说它比空气轻，应该也能让我们的声音变高。但它具有强碱性，一旦吸入，喉咙与支气管都会被灼伤。所以吸入氨气之后，人根本说不出话来。

氢气与甲烷也比空气轻，吸一口是没问题的，只是它们遇火后可能会爆炸，没法在派对上用。

氦氧混合气：职业潜水员的生命线

人们还把氦气的特性应用在了潜水领域，保障潜水员的健康。

当潜水员潜入深海时，如果他们还在呼吸普通的空气，就有可能出现醉氮、减压病等问题。为了防止出现这种情况，潜水员会使用一种叫"氦氧混合气"的气体。

我也很喜欢潜水,还考了职业潜水员的资格证。在学生时代,我征战过澳大利亚的大堡礁,也造访过加勒比海地区的洪都拉斯与哥斯达黎加,在世界各地的海岸留下了自己的脚印。

不过我只在水深四十米以下的地方潜过水。因为潜水协会有规定,只用普通空气的话,潜到五十米深已经是极限了,娱乐性质的潜水就更得悠着点,不能超过四十米。

话虽如此,职业潜水员往往要潜到更深的地方去,因为他们要参与港口和大桥的海底建设工作。这时就轮到氦氧混合气登场了。

那么,在深海呼吸普通的空气究竟会发生怎样的问题?

我们平时呼吸的空气是 4 份氮气加 1 份氧气,在深海作祟的就是这些氮气。氮气中的氮分子由 2 个氮原子结合而成,它非常稳定,几乎不溶于水。所以在 1 个大气压的状态下,就算我们把氮气吸进肺里,也不会有大量的氮溶于血液。换言之,氮气会随着呼吸进出我们的身体,只起到将氧气稀释 5 倍的效果。

可是潜水的时候就是另一码事了。潜得越深,水压就越高,在地面很稳定的氮也会逐渐溶于血液。届时,氮就会像吸入式麻醉剂一样,阻碍神经传递信息,使人出现醉氮症状。

潜水员都说,每往下潜十五米,就相当于喝了一杯马丁尼。我潜到四十米深时也出现了醉氮症状,莫名其妙笑了起来。指导员见状后立刻喊停了。

就算你只潜了十几米，也会出现一些醉氮反应。海水会带来一定的失重感，而且人在海里不光能前后左右动，还能上下浮动，得到开放的空间感受。热带鱼等海洋生物动人的模样更是让我们如痴如醉……但是这些感动兴许都是醉氮造就的幻觉。

使用氦氧混合气（用氦气取代氮气）能有效防止"醉氮"。这是因为氦气就算在高压环境下也几乎不溶于水。既然它不溶于水，被吸入肺部时也就不溶于血液，只会在我们呼气时原封不动地排出体外。这样它就不会有"麻醉剂"的效果。

氦是美丽的球体

为什么氦气不溶于水呢？了解其中的原因，也有助于我们加深对元素周期表的理解。

水的分子式是 H_2O。其中氧原子较大，吸引电子能力较强，所以它带负电。而氢原子特别小，拉不住电子，所以它带正电。像食盐（氯化钠）这种刚好由带正电的钠离子和带负电的氯离子组成的物质，能与水中的氢和氧相互吸引，所以能迅速溶于水中。

氮平时是不带电的，所以它不易溶于水。但是在高压环境下，电子轨道会扭曲，催生出少量带正电的部分和带负电的部分。

如此一来，它就能溶于水中了。

氦原子是一个前后、上下、左右都完全对称的完美球体。而且它的所有轨道都座无虚席，拥有无懈可击的稳定性。即便是在高压环境下，它也不会分成带正电的部分与带负电的部分，几乎不溶于水。

细心的读者也许会产生一个疑问：为什么非要用昂贵的氦气代替氮气，而不用价廉物美的氩气呢？

氦氧混合气体的确很贵。我的指导员是个相当了不起的潜水员，参加过关西国际机场的海底工程。他告诉我，他们这批潜水员在机场工程中使用的氦氧混合气要十万日元一罐。我们这些玩票者肯定买不起。如果用氩气能解决问题，那当然是皆大欢喜，可事情偏偏没那么简单。

在元素周期表中，越靠下的原子体积越大。虽说稀有气体的原子都是完全对称的球体，但氩的原子非常大，最外层的电子轨道与原子核之间有相当长的距离。这就导致氩的轨道容易在高压的影响下扭曲，使原子难以维持球形。届时，就会有少量的氩溶于水中。

计算结果显示，比氦低一格的氖的可溶性比氮低，但氩的可溶性则超出了氮。换言之，我们无法用它来防止醉氮。

氙是理想的麻醉剂

在周期表中越靠下的稀有气体越容易溶于水，也越容易"醉人"。氪和氙就有很强的麻醉性。有些医院已经开始试验用氙气当麻醉剂。

氙虽然能溶于水，但它毕竟是稀有气体，不至于发生化学反应。因此它几乎没有副作用，称得上是理想的麻醉剂。由于它的价格非常昂贵（只有小行星探测器才用得起），目前还无法在临床推广。如果它的成本没有那么高，恐怕早就成了最经典的麻醉剂。

综上所述，能预防醉氮的气体必须满足下列条件：

条件1：电子轨道没有空位，即"位于元素周期表的最右侧"。

条件2：元素要足够小，即"位于元素周期表的最上层"。

对照周期表一看，便知道氦是唯一的选择。稀有气体呈现出的特性与它所处的位置完美对应——在我看来，这正是"稀有气体之美"。

在第五章中，我将性质极为相似的稀土元素称作"过渡元素中的过渡元素"。稀土元素是横向相似性最强的，而稀有气体元素则是竖列中相似性最强的。从这个角度看，它们也称得上是"主族元素中的主族元素"。这两类元素都能充分体现出元素周期表的魅力，所以我用了比较多的篇幅，希望大家能看得尽兴。

第七章

通过周期表判断元素是否有益健康

锌、镉、汞

除了通过核反应堆等方式人工制造的元素之外，自然界只存在九十多种元素。其中有不少人体必不可缺的元素，也有绝不能碰的有毒元素。

刚开始学医的时候，我就把和元素有关的保健知识背了个遍。有了基础知识再看看元素周期表，颇有些醍醐灌顶之感。我惊讶地发现，元素周期表不仅能体现出元素的特征与反应方式，还蕴藏着与医学保健有关的知识。

我一看周期表，立刻总结出了下列法则：

1. 在主族元素中，位于"人体常用元素"正下方的元素往往有毒性。

2. 过渡元素基本是整行"有毒"或整行"有益"。

第12列中的锌、镉、汞就是第一条法则的典型例子。

锌在宇宙中的存在量比较多，所以人体也会积极使用这种元素。而镉与汞的存在量要少得多，人类孕育出文明，开始挖掘矿物之后，才有机会接触到它们。这就导致锌成了人体必需的微量元素，而镉和汞成了我们避之不及的毒物。

在元素周期表上，镉和汞就在锌的正下方，因此这几种元素的最外层电子轨道非常相似。电子轨道相似，就意味着化学性质也相似。

这对身体健康有重大影响。只要人体不吸收，毒性再厉害的元素也无法为害。坏就坏在人体会吸收它们。

由于镉和汞的化学性质与锌相似，它们会通过吸收锌的渠道被人体吸收。人体是很需要锌的，所以我们才会进化出一套吸收锌的机制。殊不知这套机制也会同时吸收镉和汞。

但锌、镉、汞在周期表上排成一列，对我们的健康并非百害而无一利。我们也可以反过来利用这一点保护自己。

让我们先简单了解一下这三种元素。

锌（Zn）

对我们人类而言，锌是一种必不可少的元素。所有生物都要靠酶来维持生命，而研究结果显示，人体居然有一百多种酶离不开锌。因此人体一旦缺锌，酶就无法正常工作，进而表现出种种症状。

大家应该都听说过缺锌会引起味觉障碍吧？我们的舌头上有感觉味道的组织，叫"味蕾"。味蕾的健康离不开一种酶，而这种酶就是靠锌来驱动的。

对中老年男性朋友而言，锌还和"提升男性功能"这几个字联系在一起。小报的广告栏中也经常出现"用锌重振雄风"之类的宣传语。但我要给大家浇一盆冷水——锌没有增强性功能的作用，不过男人缺锌时，精子的形成的确会受影响。

精子是精母细胞进行细胞分裂的结果。而精母细胞的分裂离不开一种靠锌驱动的酶。所以男人一旦缺锌，精子就会出问题。

红细胞也来源于活跃的细胞分裂，所以缺锌还会导致红细胞减少，进而引起贫血。白细胞也会相应减少，因此缺锌还会导致免疫力下降。停经、皮炎、甲状腺功能低下等问题也是缺锌导致的。

镉（Cd）

提起镉，大家肯定会立刻联想到日本四大公害病之一"痛痛病"。从二战前到战后的经济高速增长期，日本富山县的神通川流域出现了大量痛痛病患者。

痛痛病的原因在于神通川的水。神通川上游的神冈矿山排出的废水中含有镉。这些水顺流而下，镉也顺着水污染了栽种在下游地区的大米。久而久之，吃了毒大米的当地居民就发病了。

病人的骨骼都处于缺钙状态，一碰就碎，浑身上下到处都有地方骨折。病情严重的患者稍微咳嗽一下都会骨折。骨折带来难以忍受的疼痛，所以人们才将这种病命名为痛痛病。

那么罪魁祸首神冈矿山采的究竟是什么矿呢? 肯定有很多人觉得，还能是什么矿啊，肯定是镉呗。实不相瞒，我在上大学之前也是这么想的。

其实，神冈矿山开采的不是镉，而是锌。

那些锌矿石中含有 1% 的杂质镉。开采的过程中，镉顺着河水流到了下游。

正如我反复强调的那样，锌与镉同属周期表的第 12 列。无论是在地球上还是在宇宙空间，它们往往都会结伴出现。而且镉本来就是从锌的杂质里找到的。一八一七年，德国人弗雷德里希·施特罗迈尔发现了镉。他是汉诺威王国的药商视察专员。在视察过程中，他对含有氧化锌的药物进行了检查，确认其中是否混有杂质，机缘巧合之下，发现了新元素镉。

宇宙中镉的含量略低于锌含量的 1%。根据这两种元素的性质，神冈矿山的矿石中会含有 1% 的镉也是理所当然。

汞催生出的电影形象

镉能引起痛痛病，而汞能引起水俣病。准确地说，发生在熊本县水俣湾周边的才叫"水俣病"，而发生在新潟县阿贺野川流域的叫"第二水俣病"。这两个地方都有化工厂，而汞就是工厂使用的触媒。汞泄漏到外界环境后酿成了惨祸。在四大公害病中，除了四日市哮喘[1]，痛痛病、水俣病与第二水俣病的病因都是元素周期表第 12 列的元素。

汞与甲基结合而成的甲基汞易溶于油脂，容易被人体吸收。它还能与一种叫半胱氨酸的氨基酸形成复合体，不断入侵我们的大脑。久而久之，中枢神经就会受到损伤，感官也会出现异常，出现运动能力失常、视野异常狭窄、语言功能异常、四肢发抖等严重症状。

锌和镉也能与半胱氨酸结合。锌之所以能保障我们的健康，正是因为它能与半胱氨酸结合。属于第 12 列的锌能通过这样的结合让我们更健康，可是同属第 12 列的汞一旦与之结合，就会危害人体，多么讽刺。

过去，人们对汞的管理不是很严格，在各个领域引发了各种健康问题。最倒霉的受害者就是那些试图利用化学反应点石

[1]四日市哮喘的病因是石油化工厂排放的硫氧化物、碳氢化物、氮氧化物和飘尘等污染物。

成金的炼金术士。

如前所述，金是一种元素，除非发生超新星爆炸，否则不会有新的金元素诞生。然而，古人坚信能通过化学反应用其他金属炼出金子来，而汞就是他们相中的原料，所以炼金术士经常用汞做实验。久而久之，汞就进入了他们体内。

与水俣病患者相比，炼金术士体内的汞要少得多，但即使量再少，时间一长，汞依然会对中枢神经产生负面影响，所以精神失常的炼金术士比比皆是。

欧美的动画片和电影里常常出现举止疯狂、不循常理的科学家。英语里专门有一个词形容这种人——mad scientist（科学狂人）。据说这个形象的原型，就是那些因汞发狂的炼金术士。

那时，人们还没有意识到汞才是罪魁祸首，还以为问题出在化学实验上。当然，现在的研究室都有严格的管理规定，汞是不会有可乘之机的。

关键在于能否与硫和睦共处

第 12 列的锌、镉与汞有一个极为重要的共同点，它们都很容易与硫结合。

锌之所以对人体有益，镉与汞之所以有毒，关键都在于"容易与硫结合"的性质。我们甚至可以说，这是人体唯一关注的一个特性。

硫是人体中含量排名第七的元素，按原子数量计算，它在人体中占 0.04%。如前所述，甲基汞会与半胱氨酸结合，对人体产生危害。而半胱氨酸里就含有硫。

蛋氨酸与半胱氨酸等含有硫的氨基酸统称为含硫氨基酸。

实际上，人体中有很多含有蛋氨酸或半胱氨酸的酶。而锌能发挥出与硫结合的本领，提升这些酶的表现。

而镉与汞也能与蛋氨酸、半胱氨酸等氨基酸结合，但它们会对酶产生负面影响。这就是这两种元素毒害人体的原理。

换言之，能与硫正确结合的锌是保健卫士，而镉与汞则是健康的大敌。

我们暴露在十倍于过去的汞之中

人类文明发展到一定程度后，就在无意中挖出了沉睡在地下的镉与汞等物质，于是我们开始每天摄入这些元素（虽然摄入量微乎其微）。

汞的用途尤其广泛。人们会将它涂抹在荧光灯的内侧，把紫外线转化为光。体温计用的也是汞。以前，牙医还用汞补蛀牙。因此，有不少汞泄露到了环境当中。

海德堡大学的威廉·肖迪克博士对加拿大与格陵兰岛荒郊的泥炭地进行调查，检测了地层中的汞含量，并据此推测出过去一万四千年里环境中究竟有多少汞。

结果显示，汞的含量自十六世纪起缓缓增加，并在工业发展迅猛的十八世纪直线上升。到了二十世纪五十年代中期，环境中的汞含量甚至上升到了原来的一百倍之多。后来，人们的环保意识越来越强，因此汞含量也呈现出了减少趋势。即便如此，我们依然暴露在十倍于过去的汞之中。

让我们再将目光转向自然界：甲基汞会通过食物链不断富集，越是食物链上端的动物，体内含有的汞就越多。调查数据显示，日本人最爱吃的金枪鱼、旗鱼、金眼鲷等海鲜也含有一定量的汞。

为了保障国民健康，厚生劳动省发布了一份指导文件，里面列出了孕妇可以吃哪几种鱼，每周最多可以吃几次，吃多少。当然，成年人就算吃了很多海鲜，也不至于出现水俣病那样严重的症状，可胎儿的中枢神经系统还没有发育好，凡事还是小心为好。

那我们能不能说，在日常生活中进入人体的汞和镉等元素完全不会对健康造成危害呢？这个问题着实很难回答。毕竟从理论角度看，重金属肯定是吃得越少越好。

然而，科研人员也很难查明微量的重金属进入体内后，会产生怎样的影响。眼下我们只能说"这些重金属不会立刻危害健康"。核电站事故后，政府官员与东京电力的负责人也把这句话挂在嘴边。

　　人一旦暴露在大剂量的辐射之下，不出两三个月就会出现白细胞减少、免疫力下降、血小板减少导致流血不止等症状。这就是所谓的"急性辐射损伤"。我们有很多关于急性损伤的科研数据，也知道多大的辐射剂量会引发急性损伤。所以只要辐射量小于上述标准，有关部门就可以宣布：本次辐射不会立刻危害健康。

　　然而，不至于引起急性辐射损伤的辐射量也有可能损伤基因，进而导致癌症。癌症一般会在两年后开始发病，所以我们将这种损伤称为"迟发性辐射损伤"。

　　人们也搜集了许多关于迟发性辐射损伤的数据，但仅限于辐射剂量相对比较大的情况。毕竟科学家也很难搞清极其微量的辐射会对人体造成怎样的影响。医学院的放射学教科书上的确有一张横轴为辐射量、纵轴为癌症发病率的示意图，可是辐射量很低的区域画的是虚线，而非实线。为什么要用虚线呢？因为没有实验数据，只能进行推测。

　　"不会立刻危害健康"这几个字看似不负责任，但这种措辞也是无可奈何。

不好意思，扯远了，其实我想表达的是，汞与镉等有毒物质与核辐射在这一点上是相同的。有些科学家认为，我们完全没有必要担心在正常生活中摄入的重金属，可也有科学家认定，再微量的重金属都会影响到中枢神经，比如易犯困、易怒等症状，可能就是由微量的汞造成的。

排毒疗法的功与过

我们也不是完全没有办法强行排出体内的微量重金属。所谓的"排毒疗法"就能通过下列步骤去除体内的重金属。

首先，通过点滴将能与重金属结合的螯合剂输入体内。螯合剂的"螯"是蟹钳的意思。这种试剂有特殊的化学结构，能像蟹钳那样牢牢夹住汞、镉等重金属。肾脏会将与重金属结合的螯合剂过滤出来，于是重金属就能与尿液一起排出体外了。

但人体必不可缺的锌等元素也会被螯合剂带走，所以用过螯合剂后，还要通过打点滴补充相应的元素。

排毒是个非常流行的词，据说岩盘浴、锗温浴都有排毒的功效，宣传得神乎其神。不过在医学界，排毒疗法指的就是我上面介绍的流程。

然而，用螯合剂排毒完全违背自然规律。而且螯合剂也有可能带走人体中的未知成分，想补都没法补。

只有因为工作关系摄入大量汞或镉的人，才需要进行排毒治疗。用这种方法对付日常生活中摄入的重金属反而弊大于利，毕竟我们还不清楚微量的重金属会造成怎样的危害。

在我看来，我们现阶段还没有必要为汞、镉等重金属战战兢兢，平时稍加注意就可以了。

那我们具体该注意些什么呢？请看元素周期表——

如前所述，汞与镉在周期表上位于锌的正下方。这两种元素对我们有害，而锌却有防止它们作恶的效果。

汞与镉走的是人体吸收锌的渠道。体内处于缺锌的状态，它们就有可乘之机。反之，如果我们体内有足够的锌，那汞和镉肯定会被比下去，不被人体吸收。用这招对付锌正下方的镉尤其有效。

当然，锌虽是人体必不可缺的元素，但也不能乱补，否则就会弄巧成拙。过多的锌会导致有益健康的 HDL 胆固醇减少。只是现代人吃的加工食品比较多，所以大家多多少少都有点缺锌。只要正常生活，就不至于因为摄入过多的锌出问题。多吃富含锌的食材不仅能防止人体摄入汞与镉，还能积极预防缺锌造成的种种健康问题。

生蚝、牛肉、鳗鱼和坚果中都有大量的锌。推荐大家平时有意识地多吃这些食材。

主族元素中的其他有毒元素

在第 12 列中，位于汞正下方的元素是鿔 (Cn)。它是用锌等元素人工合成的，据推测其化学性质比较接近汞，但人们对它的了解还不多。自然界中并没有鿔，所以我们不可能把它吃进肚里。万一不慎摄入体内，很有可能与汞一样危害健康。

"在主族元素中，位于人体常用元素正下方的元素往往有毒性"——其实这条法则不仅适用于第 12 列。下面就让我们从第 1 列开始，逐一分析看看。

保持十万年准点的铷原子钟

第 1 列

第 3 周期的钠与第 4 周期的钾就不再赘述了。让我们看看第 5 周期的铷 (Rb)。

研究生毕业之后，我先去 NHK 当了五年播音员，然后才去学医。在当播音员时，我每天的生活都离不开铷。

播音员最紧张的时刻，莫过于报时音之前。

因为报时音是强制播出的，如果播音员没有在那之前读完稿子,声音就会被直接切断。业内人士将这种现象戏称为"断尾"。

这个"尾"当然是尾巴的"尾"了。

而那些折磨菜鸟播音员的报时音，就是以铷原子钟为准的。原子钟利用原子吸收或释放能量时发出的电磁波来计时。

普通的铷原子钟 1 年只差 0.1 秒。这已经很了不起了，而 NHK 使用的高性能铷原子钟能精确到 10 万年只差 1 秒。据说其他民营电视台用的是晶控振荡钟，那精确度就差远啦。不过也有人觉得，与其花钱买高性能的设备，不如先把收视费降下来。这就是个仁者见仁智者见智的问题了。

铷也广泛应用于医疗领域。铷的最外层轨道也只有一个电子，而且它进入人体后的移动模式比铯更像钾。于是人们利用这种性质，将它应用在 PET（正电子发射型计算机断层显像）中，在心肌梗塞的诊断方面发挥着重要的作用。

正常情况下，钾会和血液一起流入心脏，被心肌细胞吸收。但是心肌梗塞会导致心肌坏死，就算血流恢复，钾也不会被细胞吸收。铷进入体内后的移动路径和钾一样，所以人们可以通过 PET 捕捉铷的动向，准确判断心肌是否正常。

既然医生敢把铷用在病人身上，说明微量的铷不会危害健康，但是大量摄入铷会导致钾的代谢异常，届时铷就会呈现出严重的毒性。可见第一条法则完全适用于第 1 列元素。

世界标准时间由铯原子钟决定

第 1 列第 6 周期的元素是铯。福岛核电站事故后，铯在人们心中成了一种"有辐射的坏元素"。这可是大大委屈了铯。

在核电站事故发生前，我一直觉得铯是高科技产业的支柱，是一种特别酷的元素。因为世界标准时间的标准就是铯原子钟。

NHK 的铷原子钟是 10 万年差 1 秒，可铯原子钟的误差还要小，要 140 万年才会差 1 秒，是人类科技打造出的最精确的时钟。只是它实在太贵，连 NHK 也买不起。随着手机和网络通信技术的发展，精准的时间管理就显得愈发重要，而铯就是这些高科技幕后的大功臣。

为什么铷和铯都会做成原子钟呢？这当然不是巧合。它们都属于第 1 列，而且最外层轨道都只有一个电子。原子钟利用的就是它们这种特性。

自不用说，原子钟里用的是稳定的同位素铯 133。它的原子核由 55 个质子与 78 个中子组成，55+78=133。而有放射性的铯 137 是由 55 个质子和 82 个中子组成的。这些多出来的中子使它的原子核变得非常不稳定，所以它才会在发出放射线的同时衰变。当然，人们不会用铯 137 做原子钟。

铯 137 虽然会带来种种麻烦，但它早就在医疗领域占了一席之地。给病人输的血在正式使用之前都需要用铯 137 照一下。

白细胞有好几种类型，如果输的血里还有白细胞，这些白细胞就可能攻击病人的细胞。通过放射线的照射使白细胞失去活性，就能防止这种情况。铯137的生产成本很低，用在这方面再合适不过。

不仅如此，铯137还能用于癌症治疗。比如咽喉癌，要是选择做手术，患者就再也不能发声了。但人们开发出了一种新的治疗方法：如果肿瘤较小，可以把放射性物质植入病灶，利用放射线杀死癌细胞。铯137的半衰期长，很适合这种疗法。人们总担心铯137会致癌，殊不知它已经被用来治疗癌症，真是讽刺。

不过人们利用的终究是铯137释放的射线。没有放射性的铯133本身对人体是有毒的。

钡其实有剧毒

第2列

众所周知，第2列第3周期的镁与第4周期的钙都是人体必需的元素。

但很少有人知道，我们的骨骼中还有第5周期的锶。核电站事故后，大家都很关注有放射性的锶，其实没有放射性的普通锶是没有毒性的。

那第 6 周期的钡（Ba）呢？人体中几乎没有钡。而且钡一旦进入人体，人就会出现呼吸困难等症状，严重的话甚至有生命危险。看来第一条法则也适用于第 2 列。

肯定有不少读者没想到钡有很强的毒性吧？毕竟钡餐造影是很常用的检查方法。

"这么可怕的元素怎么能吃啊！"别担心，检查中使用的是钡的化合物硫酸钡。它不溶于水，也不溶于酸，喝进肚里也不会被肠胃黏膜吸收，只会在消化道里走一遭，然后原封不动地和大便一起排出体外。不过你要是喝下了离子状态的钡，那后果就不堪设想了（也不会有医院给病人喝这种东西……）。

元素周期表的第 3 列到第 11 列是过渡元素，第 12 列开始又是主族元素。第 12 列的锌、镉与汞已经介绍过了，那就从第 13 列讲起吧。

第 13 列

我在第三章中也提到过，因为质子与中子数量的关系，第 13 列第 2 周期的硼（B）在宇宙中的存在量非常少，所以人体也没有积极利用这种元素。第 3 周期的铝之后的元素也几乎不存在于人体中，所以第一条法则不适用于第 13 列。

第14列

第2周期的碳是组成人体的基本元素，但第3周期的硅在人体中的含量极少。

大部分硅都在岩石中。它难以溶于水，也不会在体内发生化学反应，生命体无法利用它，因此它既不利于健康，也不至于害人。可见第一条法则也不适用于第14列。

第15列

第2周期的氮与第3周期的磷都广泛存在于人体内，也是生命活动必不可缺的元素（详见第三章）。

而第4周期的砷（As）是众所周知的毒药。和歌山毒咖喱事件的罪魁祸首就是它。

第5周期的锑（Sb）也有剧毒，而且真有人用它犯下了凶杀案。其中最著名的莫过于一八五三年发生在英国的威廉·帕默尔医生骗保杀人案了。

这位医生给妻子和弟弟购买了人寿保险，然后用锑毒死他们，企图骗取保险金。此案一出，英国还推出了一部法案，禁止人们随意购买保险。这项法案也被人们称为"帕默尔法"。

综上所述，第15列完美体现了第一条法则。

第 16 列

第 2 周期的氧与第 3 周期的硫（S）都是人体常用的元素。问题是硫下面的硒（Se）。

硒常见于大葱、糙米、生蚝与沙丁鱼等食材，它的抗氧化能力约为维生素 E 的 500 倍，能预防癌症、动脉硬化等疾病，还有改善更年期综合症的效果，因此硒也是人体必需的微量元素。

但硒绝对不能多吃，否则反而会诱发癌症，还有可能引起高血压、白内障等疾病。换言之，硒就在"有益健康"与"危害人体"的分界线上。而位于硒正下方的碲（Te）就有毒。

我个人觉得第 16 列正体现出了第一条法则的精髓，但有些读者可能不愿意买账吧。那第 16 列就算"平局"好了。

第 17 列

第 3 周期的氯与第 5 周期的碘（I）都是人体常用的元素。但碘下方的砹（At）是人工合成的元素，自然界中几乎不存在，所以讨论它有没有毒性没有意义。

因此第一条法则不适用于第 17 列。

第 18 列

位于元素表最右侧的第 18 列是稀有气体，几乎不会发生化学反应（详见第六章）。所以它们不可能有益于生命体，也不会产生毒性。可见第一条法则也不适用于第 18 列。

过渡元素的性质可以按行分组

从第 3 列到第 11 列的过渡元素具有横向相似性，而不是纵向相似性，所以在使用周期表的时候，也请大家格外关注横向的共同点。

在探讨过渡元素是有毒还是有益时，我们也能以行为单位。

在分析主族元素时，我们是以列为单位的，但过渡元素要按周期（行）看。

第 4 周期的过渡元素为钪（Sc）、钛（Ti）、钒（V）、铬（Cr）、锰（Mn）、铁（Fe）、钴（Co）、镍（Ni）、铜（Cu）。

其中对人体最重要的自然是铁。铁是红细胞中血红蛋白的组成部分，人一旦缺铁，血液就无法将氧输送到全身，造成贫血。细胞分裂也离不开铁，缺铁会严重影响咽喉及肠胃黏膜等细胞分裂比较活跃的部位（详见第三章）。

重要性仅次于铁的是铜。缺铜也会导致贫血，还会引起骨骼与动脉异常。严重缺铜还会导致大脑功能障碍。

钴是维生素 B_{12} 的组成部分。缺了它，人也会贫血。

由此可见，第4周期的过渡元素基本都是人体必需的微量元素。记住这一点，在日常生活中就能有的放矢了。

第5周期的过渡元素有钇（Y）、锆（Zr）、铌（Nb）、钼（Mo）、锝（Tc）、钌（Ru）、铑（Rh）、钯（Pd）、银（Ag）。除了最后的银，其他元素对大家来说也许都有些陌生。实不相瞒，第5周期的过渡元素对人体都有微弱的毒性。

唯一需要注意的是钼。钼是人体必需的微量元素，存在于酶的活性部位。不过人体每天只需要0.02毫克的钼。0.02毫克就是1克的1/50000。

钼本身也有微弱的毒性，所以"第5周期的过渡元素对人体有微弱的毒性"这一条也适用于钼。

第6周期的过渡元素乍看之下只有8个，但是57号到71号的镧系元素是单独列在表外的，所以这个周期的过渡元素一共是23个（详见第五章）。镧系元素就是备受工业界关注的稀土元素，只是大家不太熟悉每种元素的名字罢了。在这个周期里，辨识度比较高的应该只有钨（W）、铂（Pt）与金（Au）。

这三种元素在宇宙中的存在量都非常少，人体也不需要它们。虽然它们都是重金属，多多少少有些毒性，但它们即便进入人体，也不会发生化学反应，所以也算不上是剧毒物质。

但我们压根儿不必去研究这几种元素对人体的影响。这方面的研究结果也的确比较少。我们只要知道铂（白金）的化合物顺铂是一种抗癌药物，而金的化合物能用来治疗慢性风湿就行了。

1. 在主族元素中，位于"人体常用元素"正下方的元素往往有毒性。

2. 过渡元素基本是整行"有毒"或整行"有益"。

在本章中，我们围绕着这两条法则对元素周期表进行了一番梳理。

单独记忆每一条与元素有关的保健知识未免太复杂，也太枯燥，但要是对照周期表分一分类，思路就能清晰不少。这样的分类方法不仅能为我们带来方便，更能帮助我们看透元素与人体的关联。

如果各位在日常生活中接触到了陌生的元素，不妨在周期表上找一找它的位置。如此一来，碎片式的知识就能被周期表的横轴与纵轴串联起来，成为可以运用自如的智慧。

后 记

在本书的最后，我想给大家出一道与元素周期表有关的题。

美国、法国、俄罗斯、德国、波兰都有，唯独日本没有的东西是什么？（答案当然与元素有关啦。）

答案是"以国名命名的元素"。镅（Americium）与钫（Francium）直接用了国名，而钌（Ruthenium）、锗（Germanium）、钋（Polonium）分别用的是俄罗斯、德国与波兰的拉丁语名。遗憾的是，目前元素周期表中还没有以日本命名的元素。

身为日本人，我当然有些不甘心，但这也是无可奈何的事，毕竟没有一种元素是由日本人发现的。

不过在二〇一二年九月，也许能让日本扬眉吐气的消息传遍了全世界——日本理化学研究所发现的第113号元素很可能获得国际社会的认可。因为命名权归发现者所有，目前"Japonium"是113号元素最有力的候选名称。①

---

① 2016年6月8日，理化学研究所正式发布的命名方案为 Nihonium，元素符号为 Nh，"Nihon"是"日本"的日语发音，中文名称尚未决定。

这条新闻之所以广受关注，是因为发现新元素是一件能够弘扬国威的大事，世界各国在这方面展开了激烈的竞争。化合物不过是原子的排列组合，但元素普遍存在于地球的每个角落。人类的繁荣不知道还能延续多久，但我们唯一能肯定的是，在五十亿年后，太阳将膨胀为红巨星，届时地球上的生命体将无一幸存。不过在那之后，只要宇宙还存在，元素就依然是元素。带领各位读者一窥元素世界的宏大，正是我写作本书的初衷。

元素周期表的本质，是科学编织出的曼陀罗——这就是我最后给各位读者的赠言。

去尼泊尔旅行时，我曾在藏传佛教的寺院中见到过一幅巨大的曼陀罗壁画。我盯着画看了好久好久，心中的杂念都一扫而空，整个人分外平静宁和。那种奇妙的感觉至今仍然萦绕在心头。

僧人告诉我，曼陀罗描绘的是"和谐的宇宙"。画中的佛像分布有致，无论是横着看还是竖着看，画面都分外均衡。它体现出的世界观与元素周期表有惊人的一致。兴许宇宙的真理就是这种全方位的均衡。

看到这里的读者一定能理解，元素周期表绝非单纯的元素一览表。只要带着清晰的思路去看这张表，就能一窥宇宙与生命的神奇。有了这些背景知识，我们的人生也会变得更精彩。

也许周期表有与曼陀罗相似的效果——当我们凝视着周期表，任思绪驰骋时，世俗的烦恼与压力说不定就烟消云散了。

为了让更多的人品味到元素周期表的魅力，我和学会的研究同仁开展了各种各样的活动。文化放送广播电台邀我做了一个系列节目，听众的反响也非常热烈。光文社新书编辑部的三野知里女士也是听众之一。在她的鼎力帮助下，本书才得以问世。请允许我借此机会，向她致以最诚挚的谢意。

最近，有很多已经踏上工作岗位的人都想方设法给自己充电。成年人想要提高学习效果，也得用愉悦的情绪来刺激大脑。这就需要我们由衷地享受科学带来的乐趣。如果本书能为你带来这样的乐趣，就是我最大的欣慰。

东京理科大学客座教授　吉田隆嘉

图书在版编目（CIP）数据

走进奇妙的元素周期表／（日）吉田隆嘉著；曹逸
冰译．－海口：南海出版公司，2017.6
ISBN 978-7-5442-8869-9

Ⅰ．①走… Ⅱ．①吉…②曹… Ⅲ．①化学元素周期
表－普及读物 Ⅳ．① O6-64

中国版本图书馆 CIP 数据核字（2017）第 079108 号

著作权合同登记号 图字：30-2016-155
《GENSO SYUUKIHYOU DE SEKAI WA SUBETE YOMITOKERU
UCHUU CHIKYUU JINTAI NO NARITACHI》
©Takayoshi Yoshida 2012
All rights reserved.
Original Japanese edition published by Kobunsha Co., Ltd.
Publishing rights for Simplified Chinese character arranged with Kobunsha Co., Ltd. through
KODANSHA LTD., Tokyo and KODANSHA BEIJING CULTURE LTD. Beijing, China.

走进奇妙的元素周期表
〔日〕吉田隆嘉 著
曹逸冰 译

出　　版　南海出版公司　（0898）66568511
　　　　　　海口市海秀中路51号星华大厦五楼　邮编 570206
发　　行　新经典发行有限公司
　　　　　　电话（010）68423599　邮箱 editor@readinglife.com
经　　销　新华书店

审　　校　孙玉增
责任编辑　翟明明
特邀编辑　陈文娟　褚方叶
装帧设计　李照祥
内文制作　田晓波

印　　刷　北京中科印刷有限公司
开　　本　850毫米×1168毫米　1/32
印　　张　5.25
字　　数　92千
版　　次　2017年6月第1版
印　　次　2025年3月第20次印刷
书　　号　ISBN 978-7-5442-8869-9
定　　价　45.00元